新工科建设·智能化物联网工程与应用系列教材

RFID产品研发及生产关键技术
（第2版）

／ 李 莎 宁焕生 ／ 编著

电子工业出版社
Publishing House of Electronics Industry
北京·BEIJING

内 容 简 介

本书在前一版的基础上进行了一定的内容更新，着重介绍 RFID 系统关键技术和 RFID 产品生产关键技术，具体包括射频标签、读写器、反碰撞算法、射频标签生产关键技术、读写器生产关键技术等；阐述目前国际、国内 RFID 技术的发展现状及存在的问题，归类总结 RFID 标准体系；列举 RFID 技术的典型应用，使读者能够学以致用。各章在介绍理论知识的同时，还辅以相应的案例进行分析，可以降低读者对枯燥理论知识的理解难度。

通过本书，读者可以对 RFID 产品研发及生产关键技术有一个相对全面的了解。本书可作为高等院校 RFID 相关课程的教材，也可供研发 RFID 产品的相关技术人员参考。

图书在版编目（CIP）数据

RFID 产品研发及生产关键技术 / 李莎，宁焕生编著. —2 版. —北京：电子工业出版社，2023.7

ISBN 978-7-121-45865-1

Ⅰ. ①R… Ⅱ. ①李… ②宁… Ⅲ. ①无线电信号−射频−信号识别−高等学校−教材 Ⅳ. ①TN911.23

中国国家版本馆 CIP 数据核字（2023）第 116491 号

责任编辑：牛晓丽　　　　　　　　特约编辑：田学清
印　　刷：北京天宇星印刷厂
装　　订：北京天宇星印刷厂
出版发行：电子工业出版社
　　　　　北京市海淀区万寿路 173 信箱　　　邮编：100036
开　　本：787×1092　　1/16　　印张：9.5　　字数：123 千字
版　　次：2007 年 3 月第 1 版
　　　　　2023 年 7 月第 2 版
印　　次：2024 年 3 月第 2 次印刷
定　　价：45.00 元

凡所购买电子工业出版社图书有缺损问题，请向购买书店调换。若书店售缺，请与本社发行部联系，联系及邮购电话：(010) 88254888，88258888。

质量投诉请发邮件至 zlts@phei.com.cn，盗版侵权举报请发邮件至 dbqq@phei.com.cn。

本书咨询联系方式：QQ 9616328。

前言

RFID（Radio Frequency Identification，射频识别）技术也被称为射频标签技术，起源于 20 世纪 40 年代，是随着雷达技术的发展衍生而来的。得益于物联网时代的快速发展，RFID 技术已经深入人们生活的方方面面。由于 RFID 技术的发展在全球范围内被人们重视，加上各国政府在政策与资金上不断支持和推动其相关研究，因此 RFID 技术已经在身份标识、防伪、物流、票务及交通等方面有着广泛应用。

RFID 技术是由电子技术、计算机技术和通信技术等多种技术交叉形成的技术，本书在前一版的基础上进行了一定的内容更新，着重介绍 RFID 系统关键技术和 RFID 产品生产关键技术；阐述目前国际、国内 RFID 技术的发展现状及存在的问题，归类总结 RFID 标准体系；列举 RFID 技术的典型应用，使读者能够学以致用。

本书是在前一版的基础上编写的，也参考了许多相关资料和书籍，在此向其作者表示感谢。同时，本书的出版得到了北京科技大学教材建设经费资助和北京科技大学教务处的支持，在此一并致谢。

　　由于编者水平有限，书中难免存在不足和疏漏之处，殷切希望各位专家和读者予以批评指正。

编　者

2023 年 2 月

目录

第 1 章
RFID 系统概述

本章目标

◎ 了解 RFID 技术的发展历史和国内外发展现状

◎ 了解 RFID 技术发展存在的问题

◎ 掌握 RFID 系统的基本组成

1.1 RFID 技术简介

RFID（Radio Frequency Identification，射频识别）技术是一种非接触式的自动识别技术，也称为射频标签技术。它利用射频信号及其空间耦合和传输特性，实现对静止或移动的物品的自动识别。RFID 技术的信息载体是射频标签，其形式有卡、纽扣、标签等多种类型。射频标签粘贴在物品表面或安装在物品上，由安装在不同位置的读写器读取存储于射频标签中的数据，实现对物品的自动识别。RFID 可以用来追踪或管理很多类型的物品。RFID 技术具有准确率高、读取距离远、存储数据量大、耐用性强等特点，广泛应用于物品的生产、流通、销售等环节。目前，包括阿迪达斯、安德玛在内的多家品牌服装店已推出自己的 RFID 智能试衣间功能。该功能借助射频标签的自动识别技术，将人体感应技术、网络与数字显示技术完美结合，不仅能给客户提供高质量的试衣体验，还能为管理人员提供更便捷的管理服务。

RFID 技术起源于 20 世纪 40 年代。在第二次世界大战期间，雷达技术得到了快速发展，后来衍生出了 RFID 技术。

雷达利用电磁波在空间中的传播实现对物品的识别。在第二次世界大战期间，英军为了识别己方和盟军的飞机，在己方和盟军的飞机上装备了无线电收发器。在战斗中，控制塔上的探询器向空中的飞机发出一个询问信号，当飞机上的无线电收发器接收到这个信号后，回传一个信号给探询器，探询器根据接收到的回传信号来识别对方是否为己方或盟军的飞机。这一技术至今仍在商业和私人航空控制系统中使用。

雷达技术的改进和应用衍生出了 RFID 技术。1945 年，Leon Theremin 发明了第一个基于 RFID 技术的间谍用装置。1948 年，Harry Stockman 发表的论文 *Communication by Means of Reflected Power* 奠定了 RFID 的理论基础，他同时在论文中预言：在能量反射通信中还有许多问题需要解决，在开辟 RFID 技术的实际应用领域之前，还需要做相当多的研究和开发工作。20 世纪 50 年代是 RFID 技术研究和应用的探索阶段，远距离信号转发器的发明扩大了敌我识别系统的识别范围，D. B. Harris 提出了信号模式化理论及被动式射频标签的概念。20 世纪 70 年代，RFID 技术终于走出实验室，进入应用阶段。很快，RFID 产品得到了迅猛发展，各种测试技术加速发展，出现了早期的规模化应用。20 世纪 80 年代以来，集成电路、MPU（微处理器）等技术的发展助力了 RFID 技术的发展，各种规模化应用如雨后春笋般涌现出来，封闭系统应用开始成形。随着自动收费、门禁、身份卡片等 RFID 产品的广泛应用，RFID 技术已经深入人们的日常生活。RFID 技术主要借助磁场或电磁场原理，通过无线射频方式实现设备之间的双向通信，从而实现数据交换的功能。RFID 技术的最大特点是不用直接接触就可以进行数据交换。

在广泛应用的同时，RFID 标准问题也逐渐呈现在人们面前。目前，世界各国的政府和科研机构都在投入大量的精力进行 RFID 标准的相关研究工作。随着 RFID 标准的不断推出，RFID 产品的成本不断下降，加上计算机技术和网络技术的不断发展，RFID 技术的应用领域必将不断扩大，RFID 技术的理论也将得到丰富和完善。

1.2　RFID 系统的基本组成与工作原理

RFID 系统一般包括射频标签、读写器、中间件和后台网络。下面简要介绍 RFID 系统的基本组成及 RFID 系统的工作原理。

1.2.1　RFID 系统的基本组成

1. 射频标签

射频标签是 RFID 系统中的重要部件，也是 RFID 系统的显著标志，每一个被标记的物品都有一个射频标签，每个射频标签都有一个独立的代码，它使得在全球范围内追踪物品成为可能。射频标签从结构上讲，包含天线和芯片两个部分，因工作频率和应用场合不同，射频标签具有不同的结构和封装形式，其具体的工作方式也有很大差异。

射频标签可以根据不同的方法进行分类。

根据工作频率的不同，射频标签通常可分为低频射频标签、中高频射频标签、微波射频标签。低频射频标签的常用频率为 125kHz、134kHz；中高频射频标签的常用频率为 13.56MHz；微波射频标签的常用频率为 915MHz、2.45GHz、5.8GHz 等。低频射频标签的特点是射频标签内保存的数据量较小、读写距离较短、射频标签外形多样、天线方向性不强等，主要用于读写距离短、成本低的场合；中高频射频标签一般用于需要传送大量数据的应用系统；微波射频标签的特点是射频标签和读写器的成本均较高，射频标签内保存的数据量较大，读写距离较长（一些微波射频标签的读写距离为十几米），可适应高速运动的物品，射频标签性能好，读写器天线及射频标签天线均有较强的方向性，主要用于需要较长读写距离和较高读写速度的场合。

根据性能的不同，射频标签可分为可读写（RW）卡、写一次读多次（WORM）卡和只读（RO）卡等几种。RW 卡一般比 WORM 卡和 RO 卡价格高得多，如电话卡、信用卡等；WORM 卡是用户进行一次性写入的卡，写入后数据不能改变，比 RW 卡价格低；RO 卡存有一个唯一的 ID 号码，不能进行修改，具有较高的安全性。

根据供电形式的不同，射频标签可分为有源射频标签、无源射频标签、半无源射频标签。有源射频标签由于使用了卡内电池的能量，因此读写距离较长（一些有源射频标签的读写距离为十几米），但是它的寿命较短且价格较高；无源射频标签不含电池，它接收到读写器发出的信号后，利用读写器发射的电磁波的能量完成通信，一般可做到免维护。无源射频标签的特点是质量轻、体积小、寿命长、价格低，但它的读写距离有限，一般仅为几十厘米，且需要读写器具有较大的发射功率。

根据调制方式的不同，射频标签可分为主动式射频标签（Active Tag）、被动式射频标签（Passive Tag）和半被动式射频标签。主动式射频标签使用自身的射频能量主动地发送数据给读写器，适用于有障碍物的场合；被动式射频标签使用调制散射方式发射数据，它需要用到读写器的载波信号，适用于门禁和交通相关的场合。

此外，射频标签还有许多分类方法，如按工作方式、数据格式、遵循标准、存储介质等进行分类。虽然射频标签在外形和原理上有许多差异，但是它们都以某种形式固定在所标记的物品上，都携带了物品的唯一识别代码和其他数据。当物品进入读写器的感应范围时，射频标签便会以无线通信的方式与读写器进行数据交换，完成物品的自动识别。图 1-1 所示为目前使用的部分射频标签的实物图和示意图。

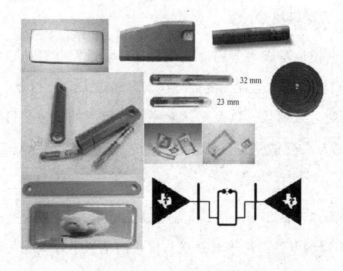

图 1-1　目前使用的部分射频标签的实物图和示意图

2. 读写器

读写器是 RFID 系统的关键终端。它通过天线向射频标签发送射频信号，同时通过天线接收从射频标签返回的载有物品唯一识别代码和其他数据的回波信号，经处理后传给中间件。典型的读写器由发射单元、接收单元、信号处理控制单元和电源等部分组成，标准读写器的工作流程如图 1-2 所示。读写器主机通常包括 3 个模块：射频通道模块、控制处理模块和 I/O 接口模块。

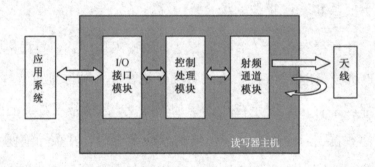

图 1-2   标准读写器的工作流程

1）射频通道模块

射频通道模块是读写器的前端，也是影响读写器制造成本的关键部分。射频通道模块通常运行控制处理模块发送过来的控制命令，向射频标签发送数据的射频信号，以及对从射频标签返回的回波信号进行解调处理，并将处理后的回波信号发送到控制处理模块。射频通道模块一般包括以下部分。

- 频率源电路：用于产生读写器的载波信号。
- 调制/解调电路：用于对发送与接收的信号进行调制与解调。
- 功率放大电路：用于实现将发送到天线的射频信号放大到足够的功率电平。

- 单天线收发分离电路：用于实现读写器发送与接收射频通道的分离。

- 信号放大、滤波、整形处理电路：用于处理解调后的回波信号。

- 收发控制电路：用于控制射频信号的输出功率及多天线系统的功率分配。

2）控制处理模块

控制处理模块是读写器的智能单元。其主要功能包括实现发送到射频标签的命令编码、回波信号的解码、差错控制、读写命令流程控制等，同时也起到发送命令缓存、接收数据缓存的作用。读写器与后端应用程序之间的接口协议的实现及 I/O 控制等也由控制处理模块完成。控制处理模块一般包括以下部分。

- CPU 或 MPU：智能处理单元，内装嵌入程序。

- CPU 或 MPU 外围接口电路：为 CPU 或 MPU 提供必要的存储区、中断控制器、I/O 信号与 I/O 接口控制信号等。

- 信号处理、缓存等处理电路：对发送命令、回波信号进行编码、解码、缓冲存储等。

- 时钟电路、看门狗电路：为 CPU 或 MPU 提供工作时钟及系统自恢复功能。

- 其他控制与接口电路：根据系统设定的功能，实现相应的控制与接口预处理等。

3）I/O 接口模块

I/O 接口模块用于实现读写器与外部传感器、控制器及应用系统主机之间的 I/O 通信。常用的 I/O 接口如下。

- RS-232 串行接口：计算机流行的标准串行接口，可实现数据的双向传输。优点是接口标准、通用、流行，缺点是传输速度与传输距离受限。

- RS-422-485 串行接口：标准串行接口，支持远距离通信，标准传输距离为 1200m。采用差分数据传输模式，抗干扰能力较强。传输速度与 RS-232 串行接口相同。
- 标准并行打印接口：通常用于为读写器提供外接打印机，具有输出读写信息的功能。
- 以太网接口：提供读写器的直接入网接口，一般支持 TCP/IP。
- 红外（IR）接口：提供红外接口，可实现近距离串行红外无线传输，传输速度与标准串行接口速度相当。
- USB 接口：标准串行接口，可实现短距离、高速度传输。

3．中间件

中间件通常是指位于后台网络和读写器之间的硬件设备和软件程序。在目前的 RFID 系统中，中间件主要包括连接读写器的计算机系统及其中运行的用户应用程序，此外也包括一些专门为读写器配套的网络接口设备，这些设备用于代替计算机的功能。中间件的功能是配合读写器的工作，识别、追踪物品的信息并进行处理，以减少网络传输的信息量，同时将物品的信息传递给后台数据库。

4．后台网络

后台网络是整个 RFID 系统的信息管理中心，它由网络设备、信息数据中心、管理中心组成。信息数据中心包括物品的信息数据库，RFID 系统中所有识别、追踪的物品的信息都在信息数据中心汇总和交互。此外，信息数据中心还包括对物品的信息进行管理和分析的应用软件。管理中心则负责对整个 RFID 网络进行管理，确保 RFID 网络的运行。

1.2.2　RFID 系统的工作原理

1. 无源射频标签

对于采用无源射频标签的 RFID 系统，每个被标记的物品都粘贴着一个无源射频标签。射频标签由天线、微控制器和存储器构成。存储器存储着物品对应的唯一识别代码。被动式无源射频标签工作所需的能量及系统的工作时钟均从读写器电磁场中获取，射频标签本身不含电源。无源射频标签因其体积小、成本低的优点而被广泛应用。

采用无源射频标签的 RFID 系统的频率范围相当广，在低频、中高频、超高频中均有应用，这些应用的工作原理不同，大致可分为磁场耦合和电磁波后向散射两大类。采用磁场耦合方式的 RFID 系统的典型工作频率为低频 125kHz（$\lambda=2400$m）和中高频 13.56MHz（$\lambda=22.1$m），强电磁场由读写器的线圈产生（虽然这并不符合通常意义上的天线的概念，但在 RFID 系统中可以把读写器的线圈作为天线来看待）。高频的强电磁场由读写器的线圈产生，磁场穿过线圈的横截面和线圈周围的空间，由于电磁波的波长比读写器和射频标签之间的距离大得多，因此可以把读写器与射频标签之间的电磁场简化为交变磁场来研究。图 1-3 所示为磁场耦合式 RFID 系统。

射频标签的天线也由线圈构成，这些线圈在交变磁场中产生感应电压，将其整流后作为射频标签的工作电源。射频标签与读写器之间的通信是通过电磁互感进行的。只要两个线圈中的一个线圈发生电流变化，就会改变两个线圈之间的互感量，从而引起另一个线圈中的电流变化，这样就可以完成射频标签与读写器之间的通信。目前，采用磁场耦合式的被动式射频标签的最远作用距离为 1m。

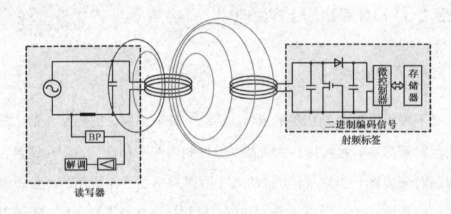

图 1-3　磁场耦合式 RFID 系统

采用电磁波后向散射的 RFID 系统的典型工作频率为超高频波段和微波波段，如 433MHz、900MHz、2.4GHz、5.8GHz 等。采用该波段的被动式射频标签的工作距离一般为几米或十几米。该波段的 RFID 系统采用反射电磁波能量的方式完成通信，根据雷达方程，读写器接收的射频标签天线反射的能量大小为

$$P_{\text{back}} = \frac{PG\sigma A_{e}}{(4\pi)^{2}R^{4}} \qquad (1\text{-}1)$$

式中，P 为读写器的发射功率；G 为读写器的天线增益；A_{e} 为等效接收面积；R 为读写器与射频标签之间的距离；σ 为射频标签的天线散射面积，其大小与读写器的天线负载电阻有关。天线接收完全匹配负载与短路负载时的散射面积有很大不同，射频标签平时处于匹配状态，它从读写器发射过来的电磁场中获取能量和信息。当射频标签发送数据时，微控制器根据不同的数据来改变射频标签天线的负载电阻值，从而改变天线散射面积，这样就会使天线接收的电磁波能量随着数据的变化而变化，最终完成射频

标签与读写器之间的通信，如图 1-4 所示。

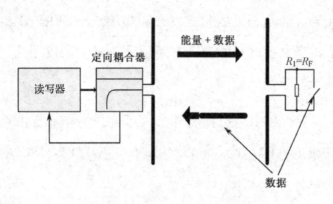

图 1-4　电磁波后向散射示意图

2. 半无源射频标签和有源射频标签

半无源射频标签采用电池给芯片（微控制器和存储器）供电，但通信模块采用与被动式射频标签相同的工作方式。制约射频标签通信距离的一个重要因素是射频标签芯片的供电问题，特别是对于工作频段为超高频和微波波段的射频标签，如果射频标签的芯片获得足够的能量，那么通信距离将会显著增大，一些复杂的处理逻辑也可以得以实现。在某些较复杂的 RFID 应用中，也可采用有源射频标签，通信模块和控制模块均由电池供电。有源射频标签和半无源射频标签可以实现更远的通信距离和更为复杂的处理逻辑，当然这是以提高射频标签的成本为代价的。

1.3　RFID 系统标准化

RFID 产品正以迅猛的势头占领着自动识别市场，其市场潜力不言而喻。由于涉及知识产权和经济利益问题，因此 RFID 国际标准的诞生就比较困难，其标准的制定问题引起各国的重视和业界的广泛关注。RFID 系统标准化的主要目的是通过制定、发布和实施统一的 RFID 相关标准，解决编码、通信、空中接口和数据共享等问题，最大限度地促进 RFID 技术及相关应用系统的普及。

目前国际上的 RFID 相关标准主要是由国际标准化组织（ISO，International Organization for Standardization）制定的。ISO 是世界上最大的国际标准化组织，成立于 1947 年，其前身是成立于 1928 年的 ISA（International Federation of National Standardizing Associations，国家标准化协会国际联合会）。IEC（International Electrotechnical Commission，国际电工委员会）成立于 1906 年，是世界上最早的国际性电工标准化机构，总部设立在日内瓦，负责电工、电子领域的国际标准化工作。IEC 主要负责电工、电子领域的标准化工作，而 ISO 则主要负责除电工、电子领域以外的其他所有领域的标准化工作。ISO/IEC JTC1 负责制定与 RFID 相关的标准，ISO 其他相关技术委员会也制定部分与 RFID 应用相关的标准，还有一些相关的组织也开展了 RFID 系统的标准化工作。ISO 正在积极推动 RFID 技术在应用层面上的互联互通。

在国际标准尚未完全成形之际，世界各国也积极参与 RFID 系统的标准化制定工作，抢占与 RFID 技术相关的协议和标准的知识产权市场，以获得更高的利润。美国已经在 RFID 标准的建立、软硬件技术开发、RFID 技术应用等方面走在世界前列。欧洲地区追随美国主导的 EPC 标准，在 RFID 封闭系统应用方面的研究与美国基本处于同一阶段。日本创建了 UID 标准，但其支持者主要是国内的厂商。韩国政府对 RFID 给予了高度重视，但韩国至今仍未建立 RFID 标准。

欧洲地区和美国的 RFID 技术标准核心组织是总部设在美国麻省理工

学院（MIT）的 AUTO-ID Center（自动识别中心），它受美国 EPCglobal 领导，提出了 EPC（Electronic Product Code，电子产品编码）系统。EPC 系统是一种基于 EAN·UCC 编码的系统。EAN·UCC 编码的主要应用就是条形码。作为产品与服务流通过程信息的代码化表示，EAN·UCC 编码具有一整套涵盖贸易流通过程中的各种物品和服务所需的全球唯一标识代码，包括贸易项目、流通单元、位置、资产、服务关系等标识代码。EAN·UCC 编码随着物品或服务的产生在流通源头建立，并伴随着该物品或服务的流通贯穿整个流通过程。EPC 系统沿用了 EAN·UCC 编码的规则并对其加以细化，将其应用于 RFID 系统。EPC 系统得到了可口可乐、吉利、强生、辉瑞、宝洁、联合利华、沃尔玛、UPS、TESCO 等一百多家国际大公司的支持，其研究成果已在一些公司中试用，如宝洁、TESCO 等。

在日本，RFID 标准制定的核心组织是 UID Center（Ubiquitous ID Center，泛在识别中心），该组织主要由日本的电子、信息企业和印刷厂商组成，其创建了 UID 标准。UID 标准的核心是赋予现实世界中任何物理对象唯一的泛在识别码（UCode）。UCode 的最大优势是能包容现有编码体系的元编码设计，可以兼容多种编码，包括 UPC、ISBN、IPv6 地址，甚至可以兼容电话号码。日本 RFID 标准研究与应用组织的主导者是 T 引擎论坛（T-Engine Forum），该论坛已经拥有四百多家成员，成员中的绝大部分是日本的厂商，如 NEC、日立、东芝等，也有少部分是国外的著名厂商，如微软、三星、LG 和 SKT 等。

我国目前已经开展了许多 RFID 相关标准的研究制定工作。科技部、国家发改委、商务部、信息产业部等十五个部委共同编写的《中国射频识别技术政策白皮书》于 2006 年 6 月 9 日发布，是我国射频识别技术与产业在此后几年中发展的系统性指导文件。参与《中国射频识别技术政策白皮书》编写的科技部有关负责人表示，我国人口众多，经济规模不断扩大，射频识别技术有着非常广阔的应用市场。全球射频识别技术与应用发展迅速，但尚未成熟，中国有必要抓住这一时机，集中开展射频识别核心技术的研究开发，制定符合中国国情的技术标准，推动自主公共服务体系的建设，促进具有竞争力的产业链形成，使中国在该领域占有一席之地。

我国还制定了《识别卡 双界面集成电路卡模块规范》《建设事业 IC卡应用技术》等应用标准，并且得到了广泛应用。目前我国 RFID 应用最成功的案例之一是铁路的车辆调度系统，该案例率先实现了 UHF 波段RFID 系统在闭环环境下的应用，每年为国家铁道局节省开支数亿元。我国在物流、集装箱管理领域也已经开始使用 RFID 进行管理。2021 年 12月 31 日，国家邮政局发布了行业标准《寄递包装射频识别（RFID）应用技术要求》。制定并实施该标准有利于寄递包装的准确识别和作业，可以提高作业效率，减少人力投入，助推行业转型升级，建设现代化邮政业。

在 RFID 频段规划方面，我国科研人员做了大量的试验，确定了适用于我国的 RFID 频段。目前我国的 RFID 应用频段仍集中在 LF 频段和HF 频段，大部分是非物流领域的应用。未来 RFID 市场应用将以物流为主，而在物流领域的大规模应用是基于 UHF 频段的。第二代身份证换发高潮过后，超高频 RFID 市场开始启动。由于 UHF 频段目前普遍使用900MHz，该频段与我国已广泛使用的移动通信频段存在重叠，而 UHF频段的国家标准尚未公布，因此业界正在密切地关注相关内容。

在技术标准方面，依据 ISO/IEC 15693 系列标准，我国已经基本完成国家标准的起草工作，参照 ISO/IEC 18000 系列标准制定国家标准的工作已列入国家标准制定计划。此外，中国 RFID 标准体系框架的研究工作也已基本完成。

根据 RFID 标准的发布机构和使用范围,可以对 RFID 标准进行分类,RFID 标准体系结构如图 1-5 所示。

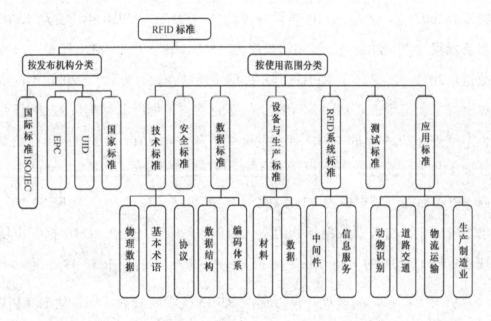

图 1-5　RFID 标准体系结构

1.4　RFID 技术的发展现状

1.4.1　RFID 技术的国际发展现状

2020 年以来,受疫情影响,消费者的消费重心逐渐向线上购物偏移,电商贸易规模飞速扩大。为了满足新的消费者需求,企业需要快速调整 RFID 技术的优先级,RFID 技术凭借自身的优势,进入了快速发展通道。

RFID 技术已经有超过半个世纪的发展历史,在世界零售业巨头沃尔玛公司宣布使用 RFID 系统管理货物及美国将 RFID 技术应用于国防和军事管理后,RFID 技术的发展在世界范围内受到了更广泛的关注。

据调查，在 1999—2002 年的短短几年间，RFID 产品全球销售额就从 6.58 亿美元提升到了 11 亿美元。其中，日本占 1.8 亿美元，美国占 6 亿美元。2005 年，全球 RFID 市场规模达 30 亿美元，2010 年，全球 RFID 市场规模达 70 亿美元，年均增长率为 18%。根据 IDTechEx 发布的统计数据，2011—2021 年，RFID 行业以 6%的年均增长率增长。2020 年，全球出现了大范围的疫情，各行各业都受到了一定程度的影响，RFID 行业也不例外。2021 年的 RFID 行业发展规模基本与 2019 年的 RFID 行业发展规模相当。2022 年 RFID 产品全球销售额达到 477.69 亿元，其中，国内 RFID 标签市场规模为 126.54 亿元。由 2018—2022 年全球 RFID 标签市场发展概况与各项数据指标的变化趋势来看，预计全球 RFID 标签市场规模将以 17.23%的年均增长率增长，并在 2028 年达到 1255.48 亿元。

从国际上看，美国政府极力支持 RFID 技术的发展，积极建立 RFID 标准并推动相关软件的开发和上市，这也促使美国的 RFID 技术研究走在世界的前列；欧洲地区的商业公司也在积极开发射频芯片和相应的识别系统，力求将 RFID 应用成本降到最低，扩大其应用范围；日本是制造业强国，在 RFID 技术方面的研究起步较早，其政府也将 RFID 视为一项关键的技术，对其发展进行支持，日本的经济产业还选择了包括消费电子、图书、服装、音乐 CD、建筑机械、制药、物流在内的七大产业作为 RFID 技术的发展领域。

1.4.2　RFID 技术的国内发展现状

目前我国在 RFID 技术方面的研究和应用尚不及部分发达国家，但是政府和各大相关企业都非常重视 RFID 技术在我国的发展。早在 2006 年 6 月 9 日，科技部、国家发改委、商务部、信息产业部等十五个部委就共同编写并发布了《中国射频识别技术政策白皮书》，极力支持 RFID 技术在中国的发展。在我国 RFID 市场的发展中，政府相关应用占据了 RFID 各应用领域中的最大份额。第二代身份证是我国 RFID 市场规模得以迅速扩大的最重要的原因之一。除了第二代身份证，政府在城市交通、铁路、网吧、危险物品管理等方面也都积极推动 RFID 技术的应用，充分利用 RFID 技术读取的方便性和安全性。政府的推动不仅拓展了我国 RFID 市场，同时也带动了相关产业的发展，有助于完善配套环节，形成产业链，为 RFID 技术的进一步发展提供条件。

在我国，RFID 技术的研究基本处于追赶部分发达国家的阶段，而关于 RFID 的自主创新也在如火如荼地进行中。有多家企业自主推出了读写器和射频标签产品，并且在读写器和射频标签产品系列化、多样化方面取得了显著成果。

在射频标签生产方面，我国初步形成以生产射频标签芯片的厂家为龙头，以射频标签天线的设计、芯片与天线的封装制作为主要研究内容的行业队伍。但总体来说，我国在射频标签专用芯片领域与国际先进水平尚有一定差距，企业规模普遍较小，经济实力和技术实力都比较薄弱。

在读写器的开发方面，我国已有几家企业具备读写器自主开发能力，但我国在读写器专用芯片的开发方面还有一定欠缺。目前有更多的企业正在致力于 RFID 应用系统集成工作，但企业水平参差不齐，有的企业对 RFID 应用有较为深入的研究，其 RFID 应用系统集成水平也相对较高；而有的企业的 RFID 应用系统集成水平就较低。总而言之，我国 RFID 技术的应用只是在某些领域中比较成熟，还需要在更多领域中开展研究，开拓更广阔的应用。

2006 年 10 月，科技部发布了《国家高技术研究发展计划（863 计划）

"射频识别（RFID）技术与应用"重大项目 2006 年度课题申请指南》（以下简称《指南》），首次在先进制造技术领域中单独设立"射频识别（RFID）技术与应用"这一项，鼓励以企业为主体，面向我国 RFID 产业发展中的共性技术和具有较大发展潜力的前瞻性技术展开研究。《指南》指出，研究涉及射频标签芯片设计、天线设计、RFID 系统测试技术及开放式平台建设等方面；重点突破涉及 RFID 产业化的关键技术，包括超高频标签芯片、读写器芯片、读写器、射频标签封装设备、射频标签集成等技术；开展应用关键技术的研究开发，包括 RFID 中间件、RFID 公共服务体系架构设计及应用服务关键技术、区域 RFID 信息公共服务平台关键技术等的研究与开发；选择量大面广、影响力广泛、带动和辐射力强、有一定基础的典型行业或企业开展 RFID 技术的示范应用；深入开展 RFID 标准的基础研究，制定适应我国 RFID 应用的物品编码规则、自主知识产权的空中接口标准及国家基础性标准、产品标准和行业应用标准。国家发改委产业化资金专项和 863 计划的实施对我国大规模 RFID 技术的研发工作起到了积极的促进作用。至今，我国已经形成了自己的 RFID 产业联盟，在物联网发展的推动下，我国 RFID 市场规模在 2013 年已突破 300 亿元，虽然在 2020 年后受到疫情的影响，我国 RFID 市场规模没有出现增长，但是疫情过后，中国整体经济发展趋势不会改变。预计在 2025 年前，我国 RFID 市场规模年均增长率将维持在 12%左右。

1.4.3 RFID 技术发展存在的问题

RFID 技术发展存在的问题主要有以下三个方面。

第一个方面是 RFID 标准统一的问题。目前，尚未形成统一的 RFID 全球化标准，多种 RFID 标准并存的局面已成事实。由于 RFID 标准不统一，因此 RFID 技术多应用于企业闭环系统内部，这使 RFID 市场规模的发展受到了极大的限制，尤其是在物流供应链等涉及全球贸易的行业中，只有形成统一的全球标准才能形成统一的 RFID "语言"。随着全球物流行业中 RFID 技术的大规模应用，RFID 标准融合和全球化标准的制定已经在业界展开。从全球范围来看，美国已经在 RFID 标准的建立、相关软硬件技术的开发及应用领域处于世界领先水平。欧洲地区追随美国主导的 EPC 标准。日本虽然已经提出 UID 标准，但主要得到其国内厂商的支持。我国在 RFID 标准制定方面已经完成了对动物应用 RFID 标准的草案，上海市推出了《动物电子标识通用技术规范》，并已逐步将此规范推广到全国。

　　第二个方面是隐私权的问题。由于 RFID 技术在非接触式条件下对射频标签中的数据进行读取，人或物有可能在非自愿的情况下被识别，因此人们对 RFID 技术在保护隐私权方面持怀疑的态度。实际上，RFID 技术可以针对每一种实际应用场合开发不同的应用。在一定情况下，RFID 技术识别和处理的数据种类和内容是可控的，所以隐私权的问题可以通过对不同的应用采取不同的安全方案来解决。

　　第三个方面是射频标签的价格问题。一般认为价格在 5 美元以上的射频标签主要为应用于军事、生物科技和医疗方面的有源器件；10 美分～1 美元的射频标签常为用于运输、仓储、包装、文件等的无源器件；应用于消费（如零售等）方面的射频标签的价格为 5～10 美分；医药、各种票证（如车票、入场券等）、货币等应用的射频标签价格则在 5 美分以下。射频标签的价格直接影响着 RFID 市场规模的发展。随着 EPC 标签广泛应用于物流行业，射频标签的成本问题受到人们的普遍重视。人们正在对射频标签生产的各个环节的设备和原材料进行研究，以做到最大限度降低射频标签的成本。

　　RFID 标准统一的意义十分重大，随着 RFID 标准融合和全球化标准制定工作的推进，RFID 产品在世界范围内可以更加顺利地流通。RFID 产品可以携带很多加密信息，无论从安全性还是应用灵活性的角度来看，RFID 产品都具有无可比拟的优势。并且，随着市场需求的增加，RFID 产品的成本也会逐渐降低。

本章小结

　　本章对 RFID 系统的基本组成与工作原理、RFID 系统标准化、RFID 技术的国际和国内发展状况，以及 RFID 技术发展存在的问题进行了介绍。

习题

　　1．简述 RFID 系统的基本组成与工作原理。

　　2．简述 RFID 系统的安全隐患。

第 2 章
RFID 系统关键技术

本章目标

◎ 熟悉不同频段的射频标签

◎ 了解射频标签的形式

◎ 掌握读写器中的天线和DSP的工作原理

2.1 射频标签

  RFID 系统中的读写器（在只读的情况下也被称作阅读器）在一个区域内发射射频能量形成电磁场，其作用范围的大小取决于它的发射功率及天线。射频标签在经过读写器的作用范围时被触发，发送存储在射频标签中的数据，或根据读写器的指令改写存储在射频标签中的数据。读写器可以与射频标签建立无线通信，向射频标签发送数据及从射频标签中接收数据，并能通过标准接口与计算机进行通信，从而实现 RFID 系统的顺利运行。

　　射频标签根据调制方式可以分为主动式射频标签、被动式射频标签和半被动式射频标签；根据读写方式可以分为只读型射频标签和读写型射频标签；根据供电形式可以分为无源射频标签、有源射频标签和半无源射频标签；根据工作频率可以分为低频射频标签、中高频射频标签、微波射频标签；根据工作距离可以分为远程射频标签、近程射频标签和超近程射频标签。

2.1.1　不同频段的射频标签

　　射频标签的工作频率是其最重要的特点之一。射频标签的工作频率不仅决定着 RFID 系统的工作原理和作用距离，还决定着制造射频标签及读写器的难度和成本。

　　工作在不同频段或频点上的射频标签具有不同的特点，RFID 应用所占据的频段或频点在国际上有公认的划分方式，典型的 RFID 工作频率有 125kHz、134kHz、13.56MHz、27.12MHz、433MHz、900MHz、2.45GHz、5.8GHz 等。

1. 低频射频标签

　　低频射频标签的典型工作频率为 125kHz 和 134kHz。低频射频标签一般为无源射频标签，其工作能量通过电感耦合方式从阅读器耦合线圈的天线辐射近场中获得。当低频射频标签与阅读器进行数据交换时，低频射频标签需要位于阅读器的天线辐射近场，一般作用距离小于 1m。

　　低频射频标签的典型应用有动物识别、容器识别、工具识别和电子闭锁防盗（带有内置应答器的汽车钥匙）等。与低频射频标签相关的国际标准有 ISO/IEC 11784/11785（用于动物识别）、ISO/IEC 18000-2（125～

135kHz）。低频射频标签有多种外观形式，应用于动物识别的低频射频标签外观有项圈式、耳标式、注射式和药丸式等，典型应用的动物有牛、信鸽等。

低频射频标签的主要优势体现在低频射频标签芯片一般采用普通的 CMOS（Complementary Metal Oxide Semiconductor，互补金属氧化物半导体）工艺，具有省电、廉价的特点。其工作频率不受无线电频率管制约束，可以穿透水、有机组织和木材等。

低频射频标签的劣势主要体现在低频射频标签存储数据量较少，同时只能适用于低速、近距离识别的应用场景（如动物识别）。

低频射频标签的典型案例：在畜牧养殖领域，广州健永信息科技有限公司（以下简称健永科技）的 RFID 养殖设备被广泛应用于猪的自能化饲养、羊的数目统计管理、牛的通道盘点等。2020 年，健永科技成功地为西藏某牧场的 1 万多只羊植入了 RFID 耳标芯片，牧场通道安装了 RFID 耳标读卡器，可自动统计羊的数目，对其实现智能通道盘点及自动化饲养管理。

2. 中高频射频标签

中高频射频标签的典型工作频率为 13.56MHz。从 RFID 应用角度来说，该频段的射频标签的工作原理与低频射频标签完全相同，即采用电感耦合方式工作。

中高频射频标签一般也采用无源方式，其工作能量同低频射频标签一样，也是通过电感耦合方式从阅读器耦合线圈的天线辐射近场中获得的。在中高频射频标签与阅读器进行数据交换时，射频标签必须位于阅读器的天线辐射近场，在一般情况下，中高频射频标签的作用距离也小于 1m（最大作用距离为 1.8m）。

中高频射频标签可以方便地制成标准卡片形状，其典型应用包括电子车票、电子身份证和电子闭锁防盗（电子遥控门锁控制器）等。与中高频射频标签相关的国际标准有 ISO/IEC 14443、ISO/IEC 15693、ISO/IEC 18000-3（13.56MHz）等。中高频射频标签的基本特点与低频射频标签相似，但是由于其工作频率有所提高，因此可以选用较高的数据传输速度，其射频标签的天线设计相对简单，射频标签一般制成标准卡片形状。

中高频射频标签的典型案例：2022 年，高新兴科技集团在广东省广州市海珠区某小区内构造了一个智慧社区管理项目，该项目包括对小区电动自行车的管理工作。通过在小区闸道口和各楼道、电梯口安放射频标签读卡器，同时在电动自行车的前端粘贴射频标签，基于此物联网技术，便可实现对小区内电动自行车的智能管理。

3. 微波射频标签

超高频与微波频段的射频标签统称为微波射频标签，其典型工作频率为 433MHz、862～928MHz、2.45GHz、5.8GHz 等。微波射频标签可分为有源射频标签与无源射频标签两类。在工作时，射频标签位于读写器天线辐射远场，读写器天线辐射场为无源射频标签提供射频能量，或将有源射频标签唤醒。相应的 RFID 系统作用距离一般大于 1m，典型情况为 4～7m，最大为几百米。读写器天线一般为定向天线，只有在读写器天线定向波束范围内的射频标签才可被读写。

由于微波射频标签的作用距离增大了，在实际应用中，有可能在读写器的作用距离内同时出现多个射频标签，因此提出了多射频标签同时识读的需求，这种需求已发展成为一种潮流。目前，先进的 RFID 系统均将多射频标签识读性能看作系统的一个重要性能。

就目前的技术水平来说，比较成功的微波频段的无源射频标签相对集中在 862～928MHz 的工作频段，工作在 2.45GHz 和 5.8GHz 的 RFID 产品多以半无源射频标签及有源射频标签的形式面世，半无源射频标签一般采用纽扣电池供电，具有较远的作用距离。

微波射频标签的典型问题主要集中在射频标签是否无源、无线读写的距离作用大小、是否支持多射频标签识读、是否适用于高速识别、读写器的发射功率大小、射频标签及读写器的价格高低等方面。对于可无线读写的射频标签而言，在通常情况下，写入距离要小于识读距离，其原因是写入需要更大的能量。

微波射频标签的数据存储容量一般在 2kbit 以内。过大的存储容量对于微波射频标签来说没有太大的意义，从技术及应用的角度来说，微波射频标签并不适合作为大容量数据的载体，其主要功能在于标识物品并完成无接触的识别过程。微波射频标签的典型数据容量有 1kbit、128bit、64bit 等。

微波射频标签的典型应用包括移动车辆识别、电子身份证、仓储物流应用和电子闭锁防盗（电子遥控门锁控制器）等。与微波射频标签相关的国际标准有 ISO/IEC 10374、ISO/IEC 18000-4（2.45GHz）、ISO/IEC 18000-5（5.8GHz）、ISO/IEC 18000-6（860～960MHz）、ISO/IEC 18000-7（433MHz）和 ANSI NCITS256-1999 等。

微波射频标签的典型案例：2020 年，京东物流率先将 RFID 技术引入供应链物流场景，实现了批量盘点及批量复核，不仅大大减轻了工作人员的负担，而且将工作效率提升了 10 倍以上，复核效率提升了 5 倍以上，出库效率提升了 1.5 倍以上。

根据以上叙述，现将不同频段的射频标签的特点进行总结，如表 2-1
所示。

表 2-1　不同频段的射频标签的特点

工 作 频 率	相 关 标 准	一般最大作用距离	受方向影响	芯 片 价 格	数据传输速度
125kHz	ISO/IEC 11784/11785	10cm	无	一般	慢
134kHz	ISO/IEC 18000-2				
13.56MHz	ISO/IEC 14443	10cm	无	一般	较慢
	ISO/IEC 15693	单向 180cm	无	低	较快
		全向 100cm			
862～928MHz	ISO/IEC 18000-6、EPCx	10m	一般	一般	读快，写较慢
2.45GHz	ISO/IEC 18000-3	10m	一般	较高	较快
5.8GHz	ISO/IEC 18000-5	10m 以上	一般	较高	较快

2.1.2　射频标签的形式

射频标签不受"卡"的限制，其形态及材质各异，有很大的发展空间。
总体来说，射频标签的形式可分为标签类、注塑类和卡片类。

1. 标签类

带自动粘贴功能的射频标签可以在生产线上由贴标机粘贴在箱、瓶
等物品上，或由用户手工粘贴在车窗（如出租车车窗）和证件（如学生
证）上，也可以制成吊牌挂或系在物品上，用标签复合设备完成加工过
程。标签类射频标签的产品由面层、芯片线路（Inlay）层、胶层和底层
组成。面层可以由纸、PP、PET（印刷或不印刷）等多种材质制作；芯
片线路层有多种尺寸、芯片类型、EEPROM 容量，可按用户需求配置
后定位在胶层上；胶层有双面胶式或涂胶式；底层有两种，一种为离型

纸（硅油纸），另一种为复合层（视用户需求而定）。标签类射频标签的成品形态可以为卷料或单张。

2. 注塑类

注塑类射频标签可针对不同应用而采用不同的塑料加工工艺，制成具有 Transponder（应答器）的筹码、钥匙牌和手表等异形产品。

3. 卡片类

卡片类射频标签根据封装材质的不同，可分为 PVC 卡片、纸和 PP 卡片。其中，PVC 卡片的工艺类似于传统的制卡工艺，即印刷、配置 Transponder（Inlay）、层压和冲切，可以加工成符合 ISO/IEC 7810 标准的卡片尺寸，也可以根据需要加工成异形。纸和 PP 卡片则由专用设备制作，在尺寸、外形、厚度上并不设限制。卡片类射频标签由面层（卡纸类）、Transponder（Inlay）层和底层（卡纸等）黏合而成。

2.2　读写器

读写器是 RFID 系统中的重要组成部分，也是前端与后台网络的接口。读写器可以固定安装，也可以手持使用。

读写器的作用范围受到很多因素的影响，如电波频率，射频标签的尺寸、形状，读写器的功率，金属物体和其他射频装置的干扰等。一般来说，读写器对低频被动射频标签的接收距离为 1ft（1ft≈30.48cm）以内，对中高频被动射频标签的接收距离为 3ft 左右，对超高频被动射频标签的接收距离为 10～20ft。对于使用电池的半主动射频标签和主动射频标签，读写器可以接收距离为 300ft 甚至更远的信号。

和收音机工作原理类似，射频标签和读写器也要调制到相同的频率才能工作。由于每种频率都有其特点，分别适用于不同的领域，因此要想正确使用读写器，就要先选择合适的频率。不同的国家和地区有不同的频率标准与要求，欧洲地区规定的超高频为 868MHz，美国规定的超高频为 915MHz。射频标签和读写器生产厂商也都在努力开发可以使用不同频率的射频标签和读写器来避免干扰问题。

由于每种频率都有其特点，因此它们的用途各不相同。例如，低频射频标签比超高频射频标签便宜、节省能量，其穿透金属的能力强，更适用于含水分较多的物品，如水果等。超高频射频标签的作用范围广、数据传输速度快，但是比较耗能，其穿透能力较弱且作业区域中不能有太多干扰，适用于监测从港口运到仓库的物品。

射频技术中的一个重要问题就是读写器冲突，即一个读写器接收到的信号和另外一个读写器接收到的信号发生冲突，产生重叠。解决这个问题的一种方法是使用 TDMA（Time Division Multiple Access，时分多址）技术，简单来说就是指挥读写器在不同时间收发信号，而不同时收发信号，这样就能保证读写器不会互相干扰。但是这种方法可能导致在同一区域的物品被多次识读，需要建立相应的防碰撞机制来避免这种情况的发生。

读写器通过多种方式与射频标签进行信息互换，读写器利用天线在周围形成电磁场，被动射频标签从电磁场中接收能量，然后将信号发送给读写器，读写器获得射频标签携带的产品代码。目前并不是所有读写器都能支持不同种类的标签，很多公司生产的读写器只支持新的产品代码，或只支持与某些生产厂商生产的特定射频标签进行信息互换。读写器和射频标签一样，需要通过具体的需求决定其使用的种类和数量。例如，当用户的需求是对进/出仓库的库存进行管理时，读写器可以安装在码头货物的进/出舱门上；当用户的需求是管理送给特定客户的物品时，读写器不仅应装在舱门上，还应装在卡车上；当用户的需求是控制零售货架时，可以采用固定装置或手持装置，从而方便地统计出库记录和计数。下面分别介绍读写器的天线和 DSP。

2.2.1　天线

天线处于 RFID 系统读写器的最前端，是读写器的重要组成部分，天线所形成的电磁场的有效作用范围、强度和形状决定了射频标签感应的强度、作用范围。读写器天线的输入参数，如阻抗、带宽等，不仅会影响读写器与天线的匹配程度，还会影响读写器的有效功率及数据的发送和接收。天线的性能对整个 RFID 系统的性能都具有重要影响。

RFID 系统应用的频率范围相当广。就工作方式而言，天线主要可分为磁场耦合式天线和电磁波后向散射式天线两类。这两类天线的工作原理不同，其设计时所关注的内容也不同。下面分别介绍这两类天线及部分天线的设计方法和设计实例。

1. 磁场耦合式天线

1）磁场耦合式天线概述

磁场耦合式天线是低频和高频 RFID 应用中广泛采用的天线，其是由线圈绕制而成的。在实际应用中，磁场耦合式天线存在多种制作方法，可以由金属线绕制，也可以在 PCB 上印制。当交变电流在线圈中流动时，会在线圈周围产生较强的电磁场。电磁场穿过线圈的横截面和线圈周围的空间，由于电磁波的波长比读写器和射频标签之间的距离大得多，因此可以把读写器与射频标签之间的电磁场简化为交变磁场来研究，读写器就是通过磁场耦合的方式与射频标签进行通信的。磁场耦合式天线具有不同于一般天线的设计特点，在其设计过程中主要关心以下参数。

（1）线圈的电感。

线圈的电感 L 是在天线的设计过程中主要关心的参数之一。

电感 L 可以通过线圈的具体结构计算出来。对于特殊结构的线圈，如圆形、方形线圈，有一些经验公式可以估算其电感；而对于一般结构的线圈，有一些商用的电磁计算软件提供了计算其电感的仿真方法，这些方法具有较高的精度，可以满足设计需要。

利用测试的方法可以获得线圈的具体电感参数。利用 LCR 表能测量电抗和电阻，可以用来近似代替天线在谐振频率下的电抗和电阻；对于精确的测量，可以利用射频阻抗分析仪，如惠普 HP4192A 或安捷伦 4294A，测量天线在谐振频率下的电抗和电阻。

要想使天线获得较大的电流，通常将线圈、电容、电阻串联在一起，组成串联谐振电路。在设计天线时，必须先确定线圈的电感 L，然后根据谐振频率求得电容 C，计算公式为

$$C = \frac{1}{(2\pi f_0)^2 L} \qquad (2\text{-}1)$$

（2）线圈的面积。

实验和计算表明，线圈的电磁场分布与线圈的面积具有直接的关系：在线圈附近时（$x \leqslant R$），场强的变化比较缓慢，当超出这个范围后，场强

开始显著降低，面积较小的线圈在较近处呈现较高的场强，而面积较大的线圈在较远处（$x > R$）呈现较高的场强。图 2-1 所示为线圈大小与场强的关系，其给出了距离为 $0 \sim 1.0\text{m}$ 的 4 种不同天线的场强曲线，每种天线具有相同的电流和线圈匝数，不同的只是天线的半径 R。

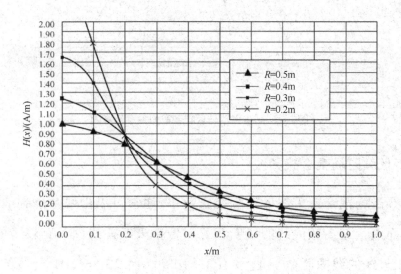

图 2-1　线圈大小与场强的关系

（3）线圈的品质因数。

天线的性能与线圈的品质因数 Q 有很大关系。一方面，线圈的品质因数越高，谐振电流就越大，线圈周围的场强也就越高，可以改善射频标签的功率传输特性；另一方面，天线的带宽与品质因数成反比，过高的品质因数会导致带宽缩小，从而显著降低射频标签收到的调制边带。许多系统默认 $Q = 10 \sim 30$ 为较好的品质因数，事实上，品质因数取决于天线所需的带宽和调制的方法，需要根据具体的应用调整品质因数以达到最佳的效果。图 2-2 所示为品质因数与调制带宽的关系示意图，其给出了一款 13.56MHz 天线的品质因数与调制带宽的关系。

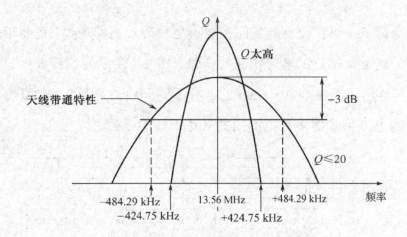

图 2-2   品质因数与调制带宽的关系示意图

2）低频磁场耦合式天线

低频磁场耦合式天线的结构比较简单，通常可以由线圈绕制或在 PCB 上印制而成。与高频天线的线圈相比，低频天线的线圈具有较多的匝数，135kHz 天线的线圈匝数一般为 100～1000，而 13.56MHz 天线的线圈匝数仅为 3～5。由于天线的导线与线圈的尺寸比高频电流的波长（2200m）小若干个数量级，因此信号可按稳态信号来处理，高频电流的电波特性可忽略不计，不考虑阻抗匹配的问题，在设计天线时，只需要考虑线圈的电感是否满足谐振的要求。同时，对于某些读写器，还要串联电阻，以确定线圈中的电流。图 2-3 所示为带有 135kHz 天线的读写器的示意图。

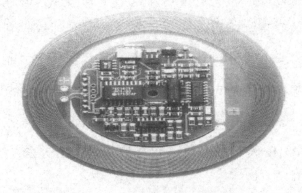

图 2-3   带有 135kHz 天线的读写器的示意图

3）13.56MHz 读写器天线的设计实例

13.56MHz 属于高频频段，此时高频电流的电波特性比较明显，谐振和阻抗匹配是在设计天线时需要考虑的主要问题，下面分别介绍近距离读写器天线和远距离读写器天线的设计实例。

（1）近距离读写器天线的设计实例。

近距离读写器天线多在 PCB 上印制而成，其制作方法简单，有利于进行大规模生产。天线一般由印刷线圈和匹配电路构成。图 2-4 所示为 13.56MHz 近距离读写器天线的版图，其原理图如图 2-5 所示。

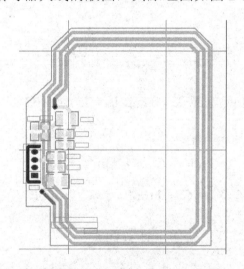

图 2-4　13.56MHz 近距离读写器天线的版图

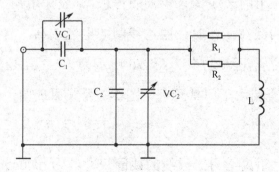

图 2-5　13.56MHz 近距离读写器天线的原理图

图 2-5 中的 L 为印刷线圈，其尺寸约为 50mm×60mm，匝数为 3；C_1、C_2、VC_1、VC_2 为匹配电容，其作用是将天线的输入阻抗设计为 50Ω，与读写器的输出阻抗相匹配；R_1、R_2 为外加阻尼电阻，与印刷线圈的损耗电阻一起，使天线的 Q_a 在要求的范围内。各元器件的参数值是在线圈电感 L 和 R_s 已测得的情况下计算出来的，假设 C_1、VC_1 并联后的电容为 C_{10}，C_2、VC_2 并联后的电容为 C_{20}，R_1、R_2 并联后的电阻为 R_a，则有

$$R_a = \frac{\omega L}{Q_a} - R_s \tag{2-2}$$

$$C_{10} = \frac{1}{\omega \sqrt{R_{in}\omega L Q_a}} \tag{2-3}$$

$$C_{20} = \frac{1}{\omega^2 L} - C_{10} - C_s \tag{2-4}$$

假设测得的线圈电感 $L = 0.86\mu H$，$R_s = 1.24\Omega$，将 $f = 13.56MHz$，$\omega = 2\pi f$，$C_s = 1/(4\pi^2 f^2 L - R_s^2)$，$R_{in} = 50\Omega$，$Q_a = 35$ 代入式（2-2）～式（2-4），得到 $R_a \approx 0.85\Omega$，$C_{10} \approx 33pF$，$C_{20} \approx 128pF$。取 $R_1 = R_2 = 1.6\Omega$，$C_1 = 27pF$，$VC_1 = 10pF$（可调电容），$C_2 = 110pF$，$VC_2 = 30pF$（可调电容）。

（2）远距离读写器天线的设计实例。

13.56MHz 读写器天线常用于门禁管理等远距离 RFID 系统中，在这些 RFID 系统中应用的天线具有较大的体积，一般采用铜箔带或铜管制成，线圈匝数为 1。线圈在工作时，通过线圈的电流较高，与之匹配的电容和电阻要承受较高的电压和功率。图 2-6 所示为 13.56MHz 远距离读写器天线的实例图，该实例用于门禁管理，图 2-7 为其原理图，该电路为 T 形匹配电路。

13.56MHz 远距离读写器天线的线圈尺寸约为1000mm×600mm，由导电性很好的铜箔带在 PCB 上绕制而成，铜箔带的宽度为 50mm。测量可

得线圈的电感为 2.2μH，从而可求得可调电容，在设计线圈时可采用抗高压的 10～80pF 可调云母电容，也可采用固定云母电容并联可调电容，来调节天线的谐振频率。取附加电阻 $R_{par}=10\text{k}\Omega$，此时 Q 约为 20，可调电容和附加电阻如图 2-8 所示。附加电阻应采用高功率的电阻，其具体阻值根据天线输入功率确定。T 形匹配电路的尺寸如图 2-9 所示。T 形匹配电路由宽为 12mm 的铜箔带构成，同轴线的分支至少要分开 50mm。

图 2-6　13.56MHz 远距离读写器天线的实例图

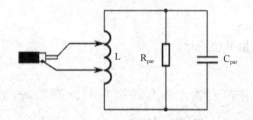

图 2-7　13.56MHz 远距离读写器天线的原理图

图 2-8　可调电容和附加电阻

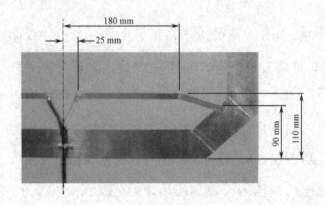

图 2-9　T 形匹配电路的尺寸

在天线的设计工作基本完成后，最后的工作是调节可调电容，使天线处于谐振状态。具体的方法是将 13.56MHz 天线接在读写器或信号发生器上，两者之间串联驻波分析仪，调节可调电容，使天线的输入驻波比在要求的范围内。注意，在接通电源的情况下，不能直接接触可调电容，因为在工作状态下，可调电容会由于谐振而产生高压，所以调节可调电容的工作应在断电后进行。

2. 电磁波后向散射式天线

电磁波后向散射式天线工作在超高频与微波频段，该频段的天线具有多种不同的形式，也有许多成熟的理论和实际方法。RFID 系统对天线增益、天线带宽等参数提出了特殊的要求，这些参数会对数据的发送和接收产生很大的影响，需要专业人员对 RFID 系统的天线进行设计、安装。下面着重介绍电磁波后向散射式天线的基本原理和几种常用的电磁波后向散射式天线。

1）电磁波后向散射式天线的基本原理

（1）方向函数和方向图。

电磁波后向散射式天线通常使用方向函数来描述天线在三维空间中

不同位置的辐射情况。

　　在三维空间中，可以将方向函数的图形画出来，形象地描述天线在三维空间中不同位置的辐射情况。方向函数通常用 $f(\theta,\varphi)$ 表示，归一化方向函数定义为

$$归一化方向函数 = \frac{方向函数}{方向函数最大值} \tag{2-5}$$

即

$$F(\theta,\varphi) = \frac{|f(\theta,\varphi)|}{\max|f(\theta,\varphi)|} \tag{2-6}$$

　　方向图包括立体方向图和平面方向图，归一化方向函数 $F(\theta,\varphi)$ 的三维立体图形称为立体方向图，立体方向图在某个平面上的投影称为平面方向图。对于线性极化天线，包含最大辐射方向且平行于 E 的平面称为 E 面，包含最大辐射方向且平行于 H 的平面称为 H 面，E 面和 H 面合成主面。

　　根据式（2-6），可以绘制线性极化天线中的电流元、磁流元及立体方向图，如图 2-10 所示。

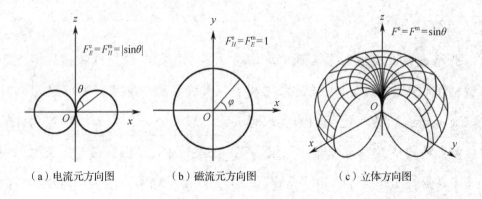

（a）电流元方向图　　　　（b）磁流元方向图　　　　（c）立体方向图

图 2-10　电流元、磁流元及立体方向图

（2）天线增益。

为了描述天线的辐射功率，考虑损耗及辐射功率在空间集中的程度，

引入天线增益的概念。在输入功率相同的条件下，定向天线在空间中某个方向 (θ,φ) 上的辐射功率密度 $S(\theta,\varphi)$ 与无损耗的点源天线在该方向上的辐射功率密度 S_0 之比称为天线增益，记为 $G(\theta,\varphi)$，即

$$G(\theta,\varphi) = \frac{S(\theta,\varphi)}{S_0} \tag{2-7}$$

天线增益与方向系数 $D(\theta,\varphi)$ 和天线效率 η 的关系为

$$G(\theta,\varphi) = \eta D(\theta,\varphi) \tag{2-8}$$

（3）输入阻抗和辐射阻抗。

在发送数据时，天线相当于读写器输出馈线的终端负载，其输入阻抗 Z_{in} 定义为天线输入电压 V_0 与输入电流 I_0 之比。$Z_{in} = V_0 / I_0 = R_{in} + jX_{in}$，其中，$R_{in}$ 和 X_{in} 分别为输入阻抗的实部和虚部。

天线的辐射功率 P_Σ 相当于在一个等效阻抗上所产生的损耗，这个等效阻抗称为辐射阻抗 Z_Σ。$Z_\Sigma = 2P_\Sigma / I^2 = R_\Sigma + jX_\Sigma$，其中，$I$ 为参考电流，R_Σ 和 X_Σ 分别为辐射阻抗的实部和虚部。

（4）天线带宽。

严格地说，天线的主瓣宽度、增益、方向图、匹配特性和极化特性等参数都是频率的函数。天线带宽取决于各天线参数对频率的敏感性，同时也与对各天线参数变化范围的要求有关。一般而言，由各天线参数允许的变化量所确定的频率范围即为天线带宽。在工程中，一般的带宽定义为以中心频率（最佳工作频率，也称谐振频率）为基准，向两边增大和减小而引起功率下降 3dB 的频率范围，如 EPC 给出的带宽为 895MHz±35MHz。目前我国物流射频识别暂用带宽为 915MHz±13MHz，表示中心频率为 915MHz，带宽为 26MHz。

（5）天线驻波比。

天线有效工作的一个重要因素就是读写器输出的源信号能通过天线发送出去，这就要求读写器的馈电系统与天线之间要匹配。天线驻波比是反映馈电系统与天线之间匹配程度的参数，其定义为

$$\rho = \frac{|V|_{\max}}{|V|_{\min}} = \frac{1+|\varGamma_L|}{1-|\varGamma_L|} \tag{2-9}$$

式中，$\varGamma_L = \dfrac{Z_{\text{in}} - Z_0}{Z_{\text{in}} + Z_0}$，称为终端反射系数，$Z_0$ 称为馈线的特性阻抗。当 $Z_0 = Z_{\text{in}}$ 时，$\varGamma_L = 0$，理论上 $\rho = 1$，这时馈电系统输送给天线的能量就可以全部发送出去。在实际应用中，由于设计会出现误差和损耗，因此很难达到这个要求。

2）几种常用的电磁波后向散射式天线

（1）振子天线。

在远距离 RFID 应用系统中，一种常用的电磁波后向散射式天线是对称振子天线（又称偶极子天线）。振子天线及其演化形式如图 2-11 所示，振子天线由两段粗细和长度相同的直导线排成一条直线构成，信号从中间的两个端点馈入，在振子的两臂上产生一定的电流，这种电流可在天线周围的空间激发电磁场。根据麦克斯韦方程，其辐射场方程为

$$E_\theta = \int_{-l}^{l} \mathrm{d}E_\theta = \int_{-l}^{l} \frac{60kI_z}{r} \sin\theta \cos(kz\cos\theta)\mathrm{d}z \tag{2-10}$$

式中，I_z 为沿振子臂分布的电流；k 为相位常数；r 为振子中点到观察点的距离；θ 为振子轴和振子中点到观察点两条线之间的夹角；l 为单个振子臂的长度。同样，也可以得到输入阻抗、天线带宽和天线增益等参数。

当单个振子臂的长度 $l = \lambda/4$ 时（半波振子），输入阻抗的电抗分量为

0，输入阻抗可视为一个纯电阻。在忽略天线粗细的横向影响下，简单的振子天线设计可以取振子的长度 l 为 $\lambda/4$ 的整数倍，如工作频率为 915MHz 的半波振子天线，其长度约为 16cm。当要求振子天线有较大的输入阻抗时，可采用图 2-11（b）所示的折合振子天线。

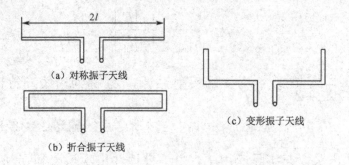

（a）对称振子天线

（b）折合振子天线

（c）变形振子天线

图 2-11　振子天线及其演化形式

图 2-12 所示为 915MHz 振子天线实例图。

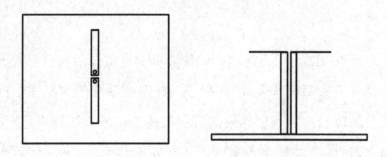

图 2-12　915MHz 振子天线实例图

（2）微带天线。

微带天线也是一种常用的电磁波后向散射式天线，在许多领域中得到广泛的应用，图 2-13 所示为矩形微带天线。在一般情况下，微带天线是在双面敷铜的 PCB 上腐蚀出一定形状的贴片构成的。它利用微带线或同轴线等的馈电，在导体贴片与接地板之间激发电磁场，并通过贴片四周与接地板间的缝隙向外辐射。因此，微带天线也可看作一种缝隙天线。微带天线具有剖面薄、体积小、质量轻、结构为平面等优点，便于获得圆极化，容易实现双频段、双极化等，在 RFID 系统中具有广泛的应用。

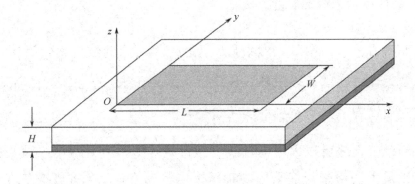

图 2-13　矩形微带天线

（3）天线阵。

单元天线是天线设计的基础。在实际应用中，为了提高天线增益，改善方向图，增加天线的有效作用距离，需要设计天线阵。天线阵是将多个同类单元天线按照一定规律排列起来形成的一个整体的天线。天线阵的方向函数是由单元天线的方向函数乘以阵因子的方向函数得到的。例如，二元天线阵的方向函数为

$$F(\theta,\varphi) = F_0(\theta,\varphi) \cdot F_{12}(\theta,\varphi) \tag{2-11}$$

式中，$F_0(\theta,\varphi)$ 为单元天线的方向函数；$F_{12}(\theta,\varphi)$ 为二元阵因子的方向函数。

对于对称振子天线构成的等幅同相二元天线阵，有

$$F_0(\theta,\varphi) = \frac{\cos(kl\cos\theta) - \cos kl}{\sin\theta} \tag{2-12}$$

$$F_{12}(\theta,\varphi) = 2\cos(kd\cos\psi) \tag{2-13}$$

式中，θ 为垂直方位角；φ 为水平方位角；k 为相位常数；l 为单个振子

臂的长度；d 为两个振子天线之间的距离；ψ 为观察点与两个振子天线中点连线间的夹角。

3. 矩形微带天线的设计方法

矩形微带天线是微带天线中最常见的一种，它的结构比较简单，其理论分析及设计方法都比较成熟，被广泛地应用于 RFID 系统。了解矩形微带天线的设计方法具有重要的实用价值。

矩形微带天线可以采用同轴线、微带线等多种方式馈电，频率较低、单元面积较大的微带天线采用同轴线馈电较为方便。对于工作在 TM_{01} 模式的矩形微带天线，输入电阻 R_{01} 的计算公式为

$$R_{01} = \frac{120\lambda_0 hQ}{\varepsilon_{\mathrm{r}} ab} \cos^2\left(\frac{\pi y_0}{b}\right) = R_a \cos^2\left(\frac{\pi y_0}{b}\right) \qquad (2\text{-}14)$$

式中，a 和 b 为矩形微带贴片的边长；h 为介质厚度；y_0 为馈电位置到谐振边（边长为 a）的距离，R_{01} 随 y_0 的增大而减小；R_a 为谐振边上的谐振阻抗，一般为 $100\sim400\Omega$。为了与 50Ω 的输入电阻相匹配，应将馈电点移到矩形微带贴片中部。采用微带线馈电也是一种简单的方法，微带线可以与矩形微带贴片印制在同一块 PCB 上，便于实现匹配。

矩形微带天线的边长 a 可以按照实际需要确定，边长 b 的计算公式为

$$b = \frac{c}{2f\sqrt{\varepsilon_{\mathrm{e}}}} - 2\Delta l \qquad (2\text{-}15)$$

式中，$\varepsilon_{\mathrm{e}} = \dfrac{1}{2}\left[\varepsilon_{\mathrm{r}} + 1 + (\varepsilon_{\mathrm{r}} - 1)\left(1 + \dfrac{10h}{a}\right)^{-\frac{1}{2}}\right]$，为有效介电常数，其中 ε_{r} 为相对介电常数；$\Delta l = 0.412\,\dfrac{\varepsilon_{\mathrm{e}} + 0.3}{\varepsilon_{\mathrm{e}} + 0.258} \times \dfrac{\dfrac{h}{a} + 0.264}{\dfrac{h}{a} + 0.8}$。

随着一些大型商业电磁计算软件的应用，如 HFSS、CST、ADS 等，天线的设计方法也发生了很大的变化，这些软件一般具有较好的建模环境和较高的计算精度，设计者可以在加工之前对天线的各种参数进行仿真，如输入阻抗、方向图和天线增益等，实际测试的结果与仿真的结果非常接近。

借助电磁计算软件，矩形微带天线的设计流程可总结如下：先计算出矩形微带贴片的大致尺寸，再在仿真软件中仿真天线增益，确定天线增益最大时的天线尺寸。若采用同轴线馈电，则根据计算的大致位置，利用仿真软件寻找最佳的匹配位置；若采用微带线馈电，则利用仿真软件设计匹配电路。

4. 圆极化微带天线的设计方法

圆极化微带天线接收数据受天线相对位置的变化影响较小，因此广泛应用于射频标签可任意放置的场合。同时，由于圆极化微带天线具有较好的抗多径能力，因此目前高速公路电子收费（ETC）系统使用的就是圆极化微带天线。实现圆极化微带天线的方法有很多，可以采用单贴片单馈点、单贴片双馈点、多单元天线阵等方法，其基本原理都是产生两个正交的简并模式，从而产生两个在空间正交的圆极化辐射场并使二者振幅相等、相位相差 90°。

单馈点圆极化微带天线不需要外加任何相移网络和功率分配器就能实现圆极化辐射，它是基于空腔模型理论，利用两个圆极化辐射场正交的简并模式工作的。一个形状规则的单贴片单馈点微带天线可以产生圆极化正交振幅相等的两个简并模式，但不能形成相位差。为了在简并模式之间形成 90°的相位差，在规则形状的单贴片单馈点微带天线上附加简并模式分离单元，使简并模式的谐振频率产生分离。工作频率选在两个谐振频率之间，当简并模式分离单元的大小合适时，对工作频率而言，一个模式的等效阻抗相角超前 45°，另一个模式的等效阻抗相角则滞后 45°，这样就可以实现圆极化辐射。选择大小和位置合适的简并模式分离单元及恰当位置的馈点是圆极化微带天线设计的主要内容。图 2-14 所示为单贴片单馈点圆极化微带天线示意图。

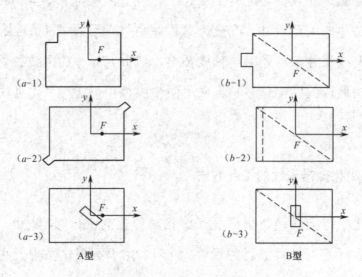

图 2-14   单贴片单馈点圆极化微带天线示意图

单贴片双馈点圆极化微带天线利用两个馈点来激励一对正交的简并模式，由馈电网络来保证圆极化工作条件。最简单的方式是采用 T 形分支，使两条支路有 $1/4\lambda$ 的路程差。图 2-15 所示为单贴片双馈点圆极化微带天线示意图。

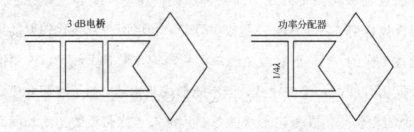

图 2-15   单贴片双馈点圆极化微带天线示意图

5. 圆极化微带天线的设计实例

图 2-16 所示为 5.8GHz 双馈点右旋圆极化微带天线示意图。它采用双馈点方式，图 2-16 中的 A、B 两点馈电，在微带天线上激发兼容的 TE 模式和 TM 模式，从而形成圆极化辐射场。该天线是在双面敷铜的 PCB 上腐蚀出一定形状的贴片构成的，包括贴片单元和馈电网络两个部分，天线驻波比的 ADS 仿真曲线与实际测试曲线如图 2-17 所示。

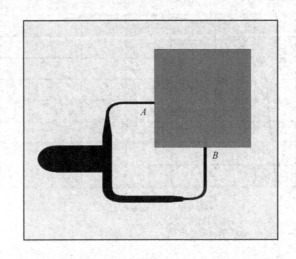

图 2-16　5.8GHz 双馈点右旋圆极化微带天线示意图

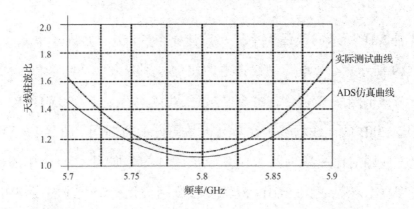

图 2-17　天线驻波比的 ADS 仿真曲线与实际测试曲线

由图 2-17 可以看出，天线驻波比的仿真与测试结果非常相近，可以与系统进行良好的匹配；由于天线在实际测试时引入了馈电等的反射，因此天线驻波比稍大一点。图 2-18 所示为远场极化方向图对比曲线，是图 2-16 所示天线的方向图在 ADS 中的仿真结果。任意极化天线的辐射都可以分解为左旋极化辐射和右旋极化辐射的和，由图 2-18 可以看出，在 ±50° 范围内，右旋圆极化振幅比左旋圆极化振幅大 20dB，因此该天线为右旋圆极化天线，实际测试与仿真结果非常相近。

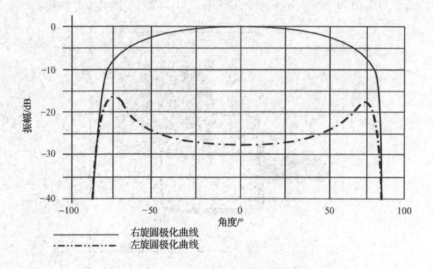

图 2-18　远场极化方向图对比曲线

　　以图 2-16 所示的天线为单元，设计一个 5.8GHz 右旋 4 单元天线阵，如图 2-19 所示。4 个单元天线馈电的相位分别为 0°、90°、180°、270°，通过一个馈电网络来满足上述要求。该天线阵具有大于 200MHz 的天线带宽、超过 13dB 的天线增益和比单元天线更好的方向图。图 2-20 所示的远场极化方向图对比曲线为图 2-19 所示天线阵的方向图在 ADS 中的仿真结果。将图 2-16 所示的 5.8GHz 双馈点右旋圆极化微带天线应用在 ETC 射频标签端，将图 2-19 所示的 4 单元天线阵应用在 ETC 读写器端，可制作 ETC 产品。经测试，ETC 产品取得了良好的效果。目前标准 ETC 采用左旋圆极化的方式。

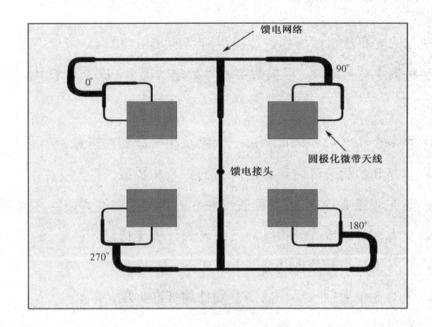

图 2-19　4 单元天线阵

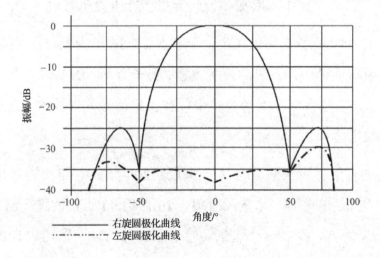

图 2-20　远场极化方向图对比曲线

2.2.2　DSP

DSP（Digital Signal Processor，数字信号处理器）是一种具有特殊结构的 MPU。DSP 的内部采用程序和数据分开的哈佛结构，具有专门的硬件乘法器，支持流水线操作，能提供特殊的 DSP 指令，可以用来快速地实现各种数字信号处理。根据数字信号处理的要求，DSP 一般具有以下主要特点。

- 在一个指令周期内可完成一次乘法和一次加法运算。
- 程序和数据分开，可以同时访问指令和数据。
- 具有快速 RAM，通常可通过独立的数据总线同时访问两片芯片。
- 具有低开销或无开销循环及跳转的硬件支持。
- 具有快速中断处理功能和 I/O 支持。
- 具有在单周期内操作的多个硬件地址产生器。
- 可以执行多个并行操作。
- 支持流水线操作，取指、译码等操作能重叠执行。

由以上 DSP 的特点可以看出，一方面，DSP 作为 MPU，可以代替通用处理器或单片机作为系统的控制内核；另一方面，DSP 作为数字信号处理器，可以采用数字信号处理技术来代替模拟信号处理技术，这是现代电子技术的发展方向之一。

DSP 的发展历程大致分为 3 个阶段：20 世纪 70 年代的理论先行阶段，20 世纪 80 年代的产品普及阶段，20 世纪 90 年代的突飞猛进阶段。在 DSP 出现之前，数字信号处理只能依靠 MPU 来完成，但 MPU 的运算无法满足高速、实时的要求。直到 20 世纪 70 年代，才有人提出了 DSP 的理论和算法基础，但那时 DSP 的发展多停留在理论层面，即便已经研制出来的 DSP 系统也是由分立元件组成的，其应用领域局限于军事、航空、航天。

随着大规模集成电路技术的发展，1982 年，世界上诞生了第一片 DSP 芯片。该芯片采用 NMOS（N-Metal-Oxide-Semiconductor，N 型金属氧化物半导体)技术制作,虽然功耗和尺寸稍大,但运算速度却比 MPU 快了几十倍,在语音合成和编/解码器中得到了广泛应用。DSP 芯片的问世是 DSP 发展的一个里程碑,标志着 DSP 系统向小型化迈进了一大步。20 世纪 80 年代中期,随着 CMOS 技术的进步与发展,第 2 代基于 CMOS 工艺的 DSP 芯片应运而生,其存储容量和运算速度都成倍提高,成为语音处理、图像硬件处理技术的基础。20 世纪 80 年代后期,第 3 代 DSP 芯片问世,其运算速度进一步提高,应用范围逐步扩大到通信和计算机领域。

20 世纪 90 年代,DSP 的发展速度最快,相继出现了第 4 代和第 5 代 DSP 芯片。现在的 DSP 芯片与以前的 DSP 芯片相比,系统集成度更高,可将处理器核及外围元件集成在单一芯片中。这种集成度极高的 DSP 芯片不仅在通信和计算机领域中大显身手,而且逐渐渗透到人们的日常消费领域中。

经过几十年的发展,DSP 的应用已扩展到人们的学习、工作和生活的各个方面,并逐渐成为电子产品更新换代的决定因素。目前,对 DSP 具有爆炸性需求的时代已经来临,DSP 的发展前景十分可观。

1. 模拟信号处理技术与数字信号处理技术的比较

采用数字信号处理技术代替模拟信号处理技术是现代电子技术的发展方向之一。数字信号处理技术已经显著地改变了现代电子产品的结构,随着 A/D 转换和 DSP 运算速度的提高,数字信号处理技术越来越向射频前端靠近。表 2-2 所示为模拟信号处理技术和数字信号处理技术的比较。

表 2-2   模拟信号处理技术和数字信号处理技术的比较

比 较 因 素	模拟信号处理技术	数字信号处理技术
修改设计的灵活性	修改硬件设计，或调整硬件参数	改变软件设置
影响精度的因素	元件精度	A/D 转换的位数和计算机的字长、算法
可靠性和可重复性	受环境的温度、湿度、噪声、电磁场等因素影响较大	不受环境因素的影响
大规模集成	尽管已有一些模拟集成电路，但品种较少、集成度较低、价格较高	元件体积小、功能强、功耗小、一致性高、使用方便、性价比高
实时性	除电路引入的时延以外，处理是实时的	由计算机的处理速度决定
高频信号的处理	可以处理微波、毫米波甚至光波信号	按照奈奎斯特定理的要求，受 S/H、A/D 转换和元件处理速度的限制

2. DSP 与 GPP

DSP 运算具有区别于通用处理器（GPP）的显著特点，如 DSP 中的 FIR（有限冲激响应）滤波器可对接收到的信号进行滤波处理，保证系统能够获取高质量的数据。FIR 滤波器可进行一系列的点积运算，取一个输入量和一个序数向量，在系数和输入样本的滑动窗口中进行乘法运算，并将所有的乘积加起来，形成一个输出样本。为数字信号处理设计的 DSP 必须对此提供专门的支持，从而产生 DSP 与 GPP 的显著区别。

1）对密集的乘法运算的支持

GPP 不是用来进行密集的乘法运算的，即使一些现代的 GPP，也需要用多个指令周期来进行一次乘法运算；而 DSP 使用专门的硬件来实现单指令周期的乘法运算。DSP 还增加了累加器来处理多个乘积的和。比起其他寄存器，累加器通常增加被称为结果 bit 的额外 bit 来避免溢出。同时，为了充分体现专门的累加器的好处，绝大部分 DSP 指令集都包含显式的 MAC 指令。

2）存储器结构

GPP 使用冯·诺依曼存储器结构，在这种结构中，只有 1 个存储器空间通过 1 组总线（1 根地址总线和 1 根数据总线）连接到处理器核。通常，进行 1 次乘法运算会发生 4 次存储器访问，至少需要 4 个指令周期。大多数 DSP 采用哈佛结构，将存储器空间划分成 2 个，分别存储程序和数据，采用 2 组总线连接到处理器核，允许同时对它们进行访问。处理器的带宽加倍，可以同时为处理器核提供数据与指令，使得 DSP 可以实现单指令周期的 MAC 指令。此外，绝大多数 DSP 都不具备数据高速缓存功能，这是因为 DSP 的典型数据是数据流。也就是说，DSP 对每个数据样本进行处理后，就将数据样本丢弃了，很少重复使用数据样本。

3）零开销循环

由于 DSP 算法的一个共同特点是大多数的处理时间是花在执行较小的循环上的，因此大多数 DSP 都有专门的硬件用于零开销循环。所谓零开销循环，是指 DSP 在执行循环时，不用花时间去检查循环计数器的值，条件转移到循环的顶部，将循环计数器的值减 1。

与此相反，GPP 的循环使用软件来实现。某些高性能的 GPP 则使用转移预报硬件，差不多能达到与硬件支持的零开销循环同样的效果。

4）定点计算

大多数 DSP 使用定点计算，而不使用浮点计算。虽然 DSP 的应用必须注意数字的精确，使用浮点计算应该容易得多，但是对于 DSP 来说，廉价也是非常重要的。定点机器的价格比相应的浮点机器低，而且其运算速度更快。为了在不使用浮点机器的同时保证数字的精确，DSP 在指令集和硬件方面都支持饱和计算、舍入和移位。

5）专门的寻址模式

DSP 往往支持专门的寻址模式，这对通常的信号处理操作和算法是很有用的，如模块（循环）寻址（对实现数字滤波器延时很有用）和位倒序寻址（对 FFT 很有用）。这些特定的寻址模式在 GPP 中是不常使用的，只能用软件来实现。

6）处理时间的预测

大多数 DSP 应用（如蜂窝电话和调制/解调器）都是严格的实时应用，即所有的处理必须在指定的时间内完成。这就要求程序员能够确定每个样本具体需要多少处理时间，或者至少能够确定在最坏的情况下需要多少处理时间。

如果打算用低成本的 GPP 去完成实时信号处理的任务，处理时间的预测大概不会构成什么问题，因为低成本的 GPP 具有相对直接的结构，比较容易预测处理时间。然而，大多数 DSP 应用所要求的处理能力是低成本 GPP 所不具备的。

DSP 相比高性能 GPP 的优势在于，即便使用了高速缓存的 DSP，指令从高速缓存还是存储器中读取，以及哪些指令会被放入高速缓存，都是由程序员（而不是 DSP）来决定的。由于 DSP 一般不使用动态特性（如转移预测和推理执行等），因此由一段给定的代码来预测所需要的处理时间是简单明了的，程序员可以确定芯片的性能限制。

7）定点 DSP 指令集

定点 DSP 指令集是按实现以下两个目标来设计的。

- 使 DSP 能够在每个指令周期内完成多个操作，从而提高每个指令周期的运算效率。
- 将存储 DSP 程序的存储器空间减到最小。由于存储器对整个系统的成本影响甚大，因此该目标在对成本敏感的 DSP 应用中尤为重要。

为了实现这两个目标，DSP 指令集通常允许程序员在一个指令周期内说明若干个并行的操作。例如，在一条指令中包含 MAC 操作，即同时有一个或两个数据移动。在典型的应用里，一条指令中就包含运算一节 FIR 所需要的所有操作。这种高效率所对应的代价是，与 GPP 指令集相比，DSP 指令集既不直观也不容易使用。

GPP 的程序通常并不在意指令集是否容易使用，因为 GPP 一般使用 C 语言、C++等高级语言。而对于 DSP 的程序员来说，较为麻烦的问题是主要的 DSP 应用程序都是使用汇编语言编写的（至少部分是使用汇编语言优化的）。该问题的出现有两个原因：首先，大多数广泛使用的高级语言，如 C 语言，并不适用于描述典型的 DSP 算法；其次，DSP 结构的复杂性，如具有多个存储器空间、多根总线、不规则的指令集和高度专门化的硬件等，使得程序员很难为其编写高效率的编译器。即便使用编译器将 C 语言源代码编译成 DSP 的汇编语言代码，程序优化的任务仍然十分艰巨。典型的 DSP 应用都具有大量计算的要求，并有严格的开销限制，使得程序的优化（特别是对程序最关键部分的优化）必不可少。因此，考虑选用 DSP 的关键因素之一是有能够较好地使用 DSP 指令集的程序员。

8）开发工具的要求

因为 DSP 应用要求高度优化的程序，所以大多数 DSP 厂商都提供了一些开发工具，以帮助程序员完成程序优化工作。例如，大多数 DSP 厂商都提供了 DSP 的仿真工具，以准确地仿真每个指令周期内 DSP 的活动。对于确保实时操作及程序的高度优化，这些开发工具都是很有用的工具。

GPP 厂商通常并不提供这样的开发工具，因为 GPP 的程序员一般并不需要详细了解这一层的信息。GPP 缺乏精确到指令周期的仿真工具，这是 GPP 应用的开发者所面临的一大问题。由于不太可能预测高性能

GPP 对于给定任务所需要的指令周期数，因此无法说明如何去改善其程序的性能。

3. DSP 与 RFID 读写器

RFID 读写器的典型结构包括射频通道模块、控制处理模块和 I/O 接口模块三部分。控制处理模块通常由单片机或其他更高性能的通用 MPU 构成，射频通道模块负责射频信号处理和调制/解调等工作，将基带数据传递给控制处理模块，控制处理模块基本上不进行数字信号处理。

由于 RFID 系统对实时性和运算精度有一定要求，因此反碰撞算法的实现、实时编/解码、密钥运算等功能使将 DSP 作为控制核心的读写器成为理想的选择。随着 DSP 技术的发展、高性能 DSP 和 ADC（Analog to Digital Converter，模-数转换器）的出现，电子产品的设计方法正在发生巨大的变化，越来越多原本采用模拟电路实现的处理过程也开始采用 DSP 来实现，DSP 的功能在不断地向射频前端延伸。

图 2-21 所示为现代通信终端示意图，该终端是中频数字化终端的典型代表，它包括一个可变射频前端，可以对应于不同的通信频段，或者在宽带范围内实现通信。天线接收的信号经可变射频前端转换为固定中频信号，该信号经 ADC 转换为数字信号。数字信号的处理是通过 FPGA 和 DSP 共同完成的，这是因为目前的 DSP 还不能独立处理高速的中频采样数据，随着 DSP 处理能力的增强，数字信号处理的任务在未来将由 DSP 独立完成。另外，由 FPGA 和 DSP 来完成与协议无关的中频预处理与基带预处理的工作是一个重要发展趋势。中频采样数据在 FPGA 和 DSP 中完成中频预处理、基带预处理、调制/解调、信道编/解码的工作，中频数字化的优势在于可以提高 RFID 系统的稳定性和灵活性，满足快速发展的电子技术和协议的要求。数字信号也可逆向，经 DAC（Digital to Analog Converter，

数-模转换器）转换为模拟信号，这时该信号为固定中频信号，将其先送入可变射频前端，再送入天线进行发射。

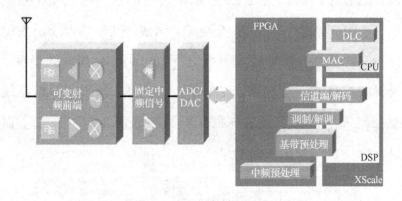

图 2-21　现代通信终端示意图

基于 DSP 结构的 RFID 读写器具有两方面的优点：一方面，在用 DSP 代替 GPP 时，由于 DSP 具有更快的运算速度和更高的代码执行效率，可以更有效地完成基带信号处理和其他附加的运算任务，因此具有更高的灵活性；另一方面，采用 ADC 和 DSP 可以实现中频数字化，利用数字信号处理实现调制/解调等原本采用模拟电路实现的功能。

基于 DSP 结构的 RFID 读写器具有更高的灵活性，这也是 RFID 技术发展的要求。由于 RFID 技术发展迅速，多种标准和体制并存，同时又要求在全球范围内实现一个统一的 RFID 网络，因此 RFID 读写器要适应快速发展的 RFID 技术，采用 DSP 结构可以在不更换硬件的情况下实现 RFID 读写器功能的升级，利用软件来实现多种协议的兼容。

4. 基于 DSP 设计的多频读写器

目前国际上通行的 RFID 标准包括多个频段，在同一个商场中的不同商品可能采用不同频率的射频标签，设计一个可以同时读取多种射频标签的读写器具有重要的应用价值。

1) 读写器的硬件结构

读写器的硬件结构如图 2-22 所示，读写器主要由天线子系统、射频前端子系统、DSP 系统和网络系统等部分组成。其中，天线子系统通过电磁波接收和发送数据；射频前端子系统产生射频信号和射频能量，接收天线的反射调制信号并进行解调、放大及过滤；DSP 系统和网络系统是读写器的主要控制模块，负责完成与射频标签的通信及与主机应用程序的通信，并执行应用程序发来的命令。

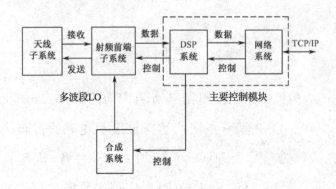

图 2-22   读写器的硬件结构

2) 天线子系统

在设计天线子系统时，要求其体积小、价格便宜、可重复使用。天线子系统包括三个常规工作频段，应用全向天线以满足射频标签的无方向需求。天线子系统的结构示意图如图 2-23 所示，13.56MHz、915MHz、2.4GHz 的天线偶极按图 2-23 所示的方式分布。

3) 射频前端子系统

在射频前端子系统中，电子频率合成器将采集到的信号分频为 13.56MHz、915MHz 和 2.4GHz 三个常规工作频段，如图 2-24 所示。其采用数字集成锁相环 LMX2330 对采集到的信号进行分频。数字集成锁相环与模拟锁相环相比，优点是精度高、不受环境的影响、带宽和中心频率编程可调。

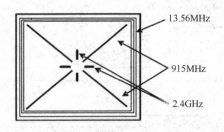

图 2-23　天线子系统的结构示意图

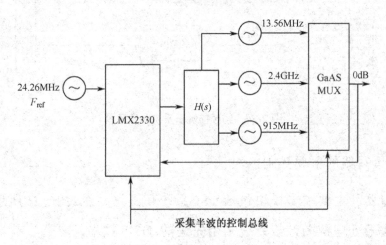

图 2-24　电子频率合成器

　　射频前端子系统负责实现频率信号的采集和解码处理，其原理图如图 2-25 所示。天线先将接收到的信号通过定向耦合器的结构通路进行调制处理，再通过差动放大器、被动 DBM（Diode Bridge Mixer，二极管桥式混频器）、IF（Input Filter，输入滤波器）和 VGA（Variable Gain Amplifier，可变增益放大器）进行相应的处理，然后送入 10 位 ADC 进行 A/D 转换，最后送入主要控制模块中的 DSP 模块进行解码处理。在射频前端子系统中，可以同时设置多波段 LO（Local Oscillator，本地振荡器）和一个 10 位 DDS（Direct Digital Synthesizer，直接数字式频率合成器）生成稳定的、可控的射频信号。

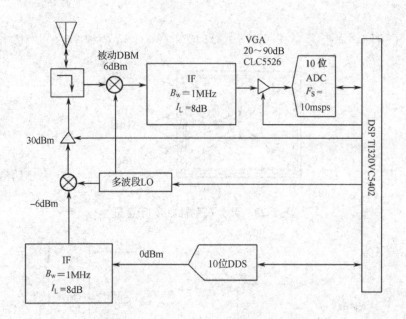

图 2-25　射频前端子系统的原理图

4）读写器的主要控制模块

读写器的主要控制模块包括DSP系统和网络系统。图2-26所示为DSP系统的信号处理链图，该系统采用先进的 DSP 技术，先通过前端脉冲解码器进行解码，再通过反相关器和相关器进行位解码，通过算法分析进行检验后对信号进行消息解码，产生数据。

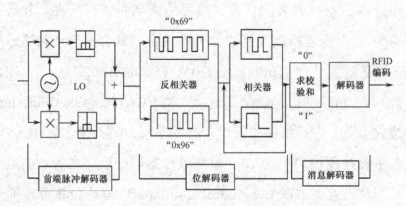

图 2-26　DSP 系统的信号处理链图

图 2-27 所示为读写器的主要控制模块的硬件结构。其中，DSP 处理

器处于核心位置，具有较高的运算速度和较大的存储空间，其中还嵌入 FLASH（闪存）和 DRAM（动态随机存储器），并且可以引导 DSP 处理器装入程序；FPGA 产生逻辑电路来控制 DSP 处理器，DSP 处理器可以通过总线连接 320px×240px 的液晶显示器（Liquid Crystal Displayer，LCD），同时 DSP 处理器可以和控制器（Controller）进行双向通信；读写器的主要控制模块中的网络存储器采用 TCP/IP 或 RS-232 串口等多种协议完成读写器与主机及其他应用程序的通信。图 2-27 所示读写器的主要控制模块采用 10MB 基带以太网和 RS-232 串口来实现数据的传输。

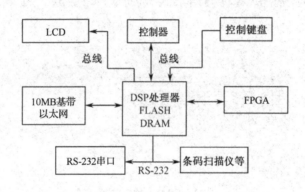

图 2-27　读写器的主要控制模块的硬件结构

2.3 反碰撞算法

在 RFID 系统中，可能存在读写器的作用范围内同时出现多个射频标签的情况。由于这时射频标签发送的数据会混叠在一起，发生冲突，从而产生碰撞问题，因此要求 RFID 系统提供可解决碰撞问题的高效反碰撞算法。这就需要由硬件来实现反碰撞算法，以实现高速实时处理碰撞问题。FPGA 为此提供了很好的解决方案。

2.3.1 反碰撞算法的原理

在 RFID 系统工作时，可能会有一个以上的射频标签同时出现在读写器的作用范围内。在这样的系统中存在着两种不同的基本通信形式：一种是从读写器到射频标签的数据传输，即读写器发送的数据流被作用范围内的多个射频标签接收，该数据流是由一个无线电广播发射机发送的，故这种通信形式也被称为无线电广播（见图 2-28）；另一种是在读写器的作用范围内有多个射频标签同时应答，这种通信形式被称为多路存取（见图 2-29）。

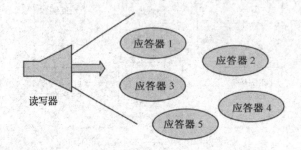

图 2-28　无线电广播

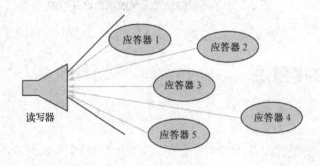

图 2-29　多路存取

在多路存取中，射频标签数据的混叠问题就是前面所说的碰撞问题。当在读写器的作用范围内出现多个射频标签时，如果它们同时发送信号，那么信号就会互相干扰，产生信道争用的问题，即发生碰撞。

每个通信通路都有规定的通路容量,该通路容量是由每个通信通路的最大数据传输速率及供它使用的时间分片确定的。分配给每个射频标签的通路容量必须满足以下要求:当多个射频标签同时把数据发送给一个读写器时,不能出现相互干扰。

长久以来,在无线电技术中,多路存取的问题是广泛存在的。人们研究出诸多方法将不同的信号分开,大体上讲,有四种基本方法:空分多址(SDMA)法、时分多址(TDMA)法、频分多址(FDMA)法及码分多址(CDMA)法,如图 2-30 所示。

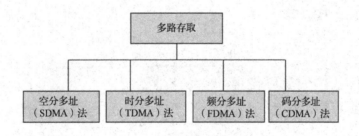

图 2-30　多路存取的四种基本方法

多路存取的四种基本方法简述如下。

空分多址法是在分离的空间范围内重新使用确定的资源(通路容量)对多个目标进行识别的方法;频分多址法是把多个使用不同载波频率的通信通路同时供多个用户使用的方法;时分多址法是把整个可供使用的通路容量按时间分片分配给多个用户的方法;码分多址法是以分组的形式进行通信的方法,但与时分多址法不同的是,在码分多址法中,所有通话均在同一信道上传递,它通过给各个通话指定特殊代码来区分不同通话。

RFID 系统多路存取技术的实现对射频标签和读写器提出了一些要求,既令用户不觉得浪费时间,又必须可靠地避免出现由于射频标签的信号在发送给读写器的过程中发生碰撞而不能被接收的情况。在 RFID 系统中，能使多路存取无故障地进行的方法被称为反碰撞算法。基于国际标准中对反碰撞算法的规定，目前存在的反碰撞算法中有三种可以用于 RFID 系统：空分多址法、频分多址法和时分多址法。

1. 空分多址法

在分离的空间范围内重新使用确定的资源（通路容量）对多个目标进行识别的方法被称为空分多址法。使用电子控制定向天线的自适应空分多址法如图 2-31 所示。

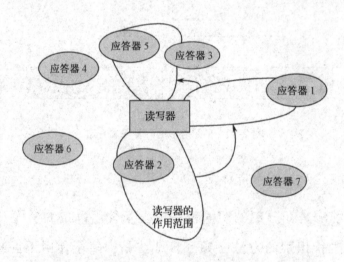

图 2-31 使用电子控制定向天线的自适应空分多址法

空分多址法的实现可采取以下两种方法。

一种方法是减小单个读写器的作用范围，而把大量的读写器和天线的覆盖面积并排地安置在一个阵列之中，此时读写器的通路容量在相邻的区域内可重复使用。这种方法在大型马拉松活动中得到了应用，能够测定携带了射频标签的马拉松运动员的长跑时间。

　　另一种方法是在读写器上安装一个电子控制定向天线,该天线的方向图直接对准某个射频标签(自适应空分多址法)。不同的射频标签可以根据其在读写器作用范围内的角度和位置互相区别开,使用相控天线阵列作为电子控制定向天线。这种天线阵列由若干个振子天线构成。RFID 系统使用的自适应空分多址法受限于天线的结构尺寸,只有当频率大于850MHz(典型频率是 2.45GHz)时才能使用,用各个确定的、独立的相位去控制每个振子天线。天线的方向图是由不同方向上的振子天线的场叠加得出的。在某个方向上,振子天线的场的叠加由于相位关系得到了加强;在其他方向上,振子天线的场则全部或部分有所抵消而被削弱。为了改变指向,通过可调的移相器向各个振子天线提供相位可调的高频电压。为了启动射频标签,必须使电子控制定向天线扫描读写器周围的空间,直至此射频标签被读写器的"搜索波束"检测到为止。

　　因为空分多址法具有复杂的天线系统,需要相当高的实施费用,所以这种方法仅适用于一些特殊场合。

2. 频分多址法

　　频分多址法是把多个使用不同载波频率的通信通路同时供多个用户使用的方法。频分多址法中有多个通信通路可用于从射频标签到读写器的数据传输,如图 2-32 所示。

　　对 RFID 系统而言,可以使用具有可自由调整的、非发送频率的射频标签。对射频标签的能量供应及控制信号的传输,则使用读写器的最佳适用频率 f_a。射频标签的应答器使用若干个可供选用的应答频率 $f_1 \sim f_N$。因此,对射频标签的数据传输来说,可以使用完全不同的频率。负载调制的RFID 系统或反向散射系统可使用不同的、独立的负载波频率来完成从射频标签到读写器的数据传输。

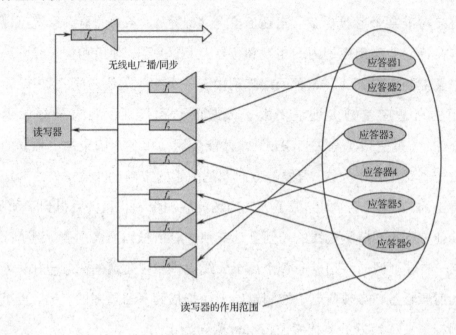

图 2-32　频分多址法

　　频分多址法的缺点：低频段资源缺乏；当信号频率非常接近时，容易产生相互干扰；在接收端需要将窄带信号恢复成原来的频率，这需要时钟相位同步的技术支持，会增加接收端的复杂性和成本；共用信号性能受到用户所需带宽大小的影响。因此，这种方法也仅适用于一些特殊场合。

3. 时分多址法

　　时分多址法是把整个可供使用的通路容量按时间分片分配给多个用户的方法。时分多址法的分类如图 2-33 所示。对于 RFID 系统而言，时分多址法构成了反碰撞算法中的最大一族。在 RFID 系统中，时分多址法又可分为射频标签驱动法（射频标签控制）和询问驱动法（读写器控制）。

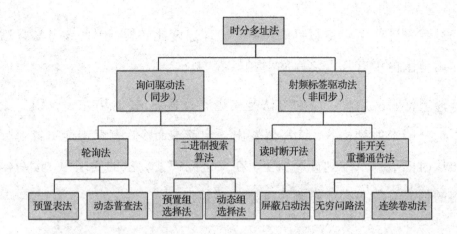

图 2-33　时分多址法的分类

射频标签驱动法的工作是非同步的，因为其对读写器的数据传输没有控制，如 ALOHA 算法。根据射频标签成功地完成数据传输后是否通过读写器的信号断开，射频标签驱动法又可分为读时断开法和非开关重播通告法。

由于射频标签驱动法的处理速度很慢，且不灵活，因此大多数应用采用由读写器作为主控制器的方法，即询问驱动法。这种方法可以同步地进行工作，所有射频标签同时由读写器进行控制和检查。通过一种规定的算法，在读写器的作用范围内，先选择射频标签组中符合条件的一个射频标签，然后在选择的射频标签与读写器之间进行通信（如识别、读出和写入数据）。因为不能同时建立多组通信关系，所以在选择另外一个射频标签时，应解除原来的通信关系，并快速地按时间顺序操作射频标签。因此，询问驱动法也被称为定时双工传输法。

询问驱动法可以分为轮询法和二进制搜索算法，这些方法都以存在一个独特的序列号用来识别射频标签作为基础。

轮询法需要所有可能用到的射频标签的序列号清单。这些序列号依次被读写器询问，直到某个有相同序列号的射频标签响应为止。然而，由于这个过程受到射频标签数目的影响，处理速度比较慢，因此该方法只适用于作用范围内仅有几个已知的射频标签的场合。

最灵活且应用最广泛的方法是二进制搜索算法。该方法在一组射频标签中选择一个射频标签，读写器发出一个请求命令，有意识地将该射频标签传输时的数据引导到读写器上。在二进制搜索算法的实现中，读写器所使用的信号编码必须能够确定准确的碰撞位。

2.3.2　RFID 中的反碰撞算法

为了解决多个射频标签之间的碰撞问题，北京宏诚创新科技有限公司自主研发了"高频/超高频 RFID 识别系统中的多标签防碰撞方法"，并获得了国家发明专利授权。该方法为物联网复杂工作场景下密集目标的高效、可靠识读提供了基础的算法解决方案。

反碰撞算法是 RFID 技术中的核心技术之一，也是射频标签和接触式 IC 卡具有本质区别的主要原因。ISO/IEC 15693 和 ISO/IEC 14443 标准对反碰撞机制做出了规定。ISO/IEC 15693 采用轮询机制、分时查询的方法实现反碰撞机制。随后推出的 ISO/IEC 14443 标准克服了 ISO/IEC 15693 标准的数据传输速度慢及无法处理大量加密数据的缺点，并在 ISO/IEC 14443-3 中规定了 TYPE A 和 TYPE B 的反碰撞机制。二者反碰撞机制的原理不同，TYPE A 是基于位碰撞检测协议的，而 TYPE B 则利用通信系列命令序列实现反碰撞机制。

TYPE A 卡（以下简称 A 型卡）为非接触式 IC 卡，其反碰撞机制如下：当一张 A 型卡在读写器的作用范围内，并且有足够的供应电能时，该卡就开始执行一些预置的程序，此时基于此协议类型的智能卡进入闲置状态。处于闲置状态的智能卡不能对读写器传输给其他智能卡的数据进行响应。若智能卡在闲置状态下接收到有效的 REQA 命令，则回复 ATQA 命令。当智能卡对 REQA 命令做出应答后，智能卡处于 READY 状态。读写器识别出在作用范围内至少有一张智能卡存在。通过发送 SELECT 命令启动二进制搜索算法，读写器选出一张智能卡，对其进行操作。

ALOHA 算法是一种随机接入协议，在多个用户共享同一个信道的情况下，实现用户之间的并发传输。该算法是根据碰撞问题本身的数学特性而设计的一种反碰撞算法。它既没有检测机制，也没有恢复机制，只是通过某种数据编码检测碰撞的存在，动态地调整读写器的报警时间（读取时间），从而将数据帧接收错误率降低到符合要求，同时保证射频标签的数据吞吐率没有损失。在使用 ALOHA 算法时，射频标签和读写器都只需要具备传输和接收装置即可，能大大降低成本，其典型应用场合为超市对货物的管理、图书馆对图书的管理、动物园对动物的监控等数据交换量不大且对带宽要求比较低的场合。

现有的反碰撞算法包括随机询问的 ALOHA 算法和分隙 ALOHA 算法，这两种算法信息的最佳利用率分别为 18.4%和 36.8%。随着射频标签数量的增加，这些算法的性能会急剧变差。

2004 年 1 月，我国宣布成立跨部门小组研发 RFID，以便在 RFID 技术的研究上取得领先优势。我国常用的 RFID 标准主要有用于动物识别的 ISO/IEC 11784 和 ISO/IEC 11785，用于非接触式 IC 卡的 ISO/IEC 10536、ISO/IEC 15693 和 ISO/IEC 14443，以及用于集装箱识别的 ISO/IEC 10374 等。

1996 年，佛山市安装了 RFID 系统用于自动收取过路/过桥费，明显地提高了车辆通过率，缓解了公路堵塞的压力。车辆可以在 250km/h 的速度下用短于 0.5ms 的时间被识别，并且准确率高达 99.95%。上海市也安装了基于 RFID 技术的养路费自动收缴系统。广州市也已经在开放的高速公路收费站中使用 RFID 系统对高速行驶的车辆进行自动收费。

从 2005 年开始，我国更新使用非接触式 IC 卡居民身份证（第二代居民身份证），这为我国 RFID 产业带来了一个巨大的潜在市场，推动了我国 RFID 技术的发展。第二代居民身份证采用的是 ISO/IEC 14443 中的 TYPE B 协议。ISO/IEC 14443 定义了 TYPE A、TYPE B 两种类型的协议，其通信速率为 106kbit/s，它们的不同之处主要为载波的调制深度及位的编码方式。TYPE A 采用开关键控（On-Off Keying）的曼彻斯特（Manchester）编码，TYPE B 采用 NRZ-L 的 BPSK 编码。TYPE B 与 TYPE A 相比，具有传输能量不中断、传输速率更高、抗干扰能力更强的优点。反碰撞机制使得同时处于读写器的作用范围内的多张非接触式 IC 卡的正确操作成为可能，大大提高了 RFID 系统的操作速度。

随着 RFID 技术的大量应用，有关反碰撞算法的研究也在迅速发展，相关学者研究出了众多的反碰撞算法。这些算法主要分为传统的反碰撞算法和基于深度学习的反碰撞算法，如改进自适应多叉树反碰撞算法、基于 ALOHA 和多叉树的混合型 RFID 反碰撞算法及基于深度学习的射频标签反碰撞算法等。

关于在 RFID 系统中起关键作用的反碰撞算法，我国也已经有很多学者进行了相关的研究，发表了很多有关反碰撞算法的学术论文，对一些 RFID 系统反碰撞算法，如 ALOHA 算法、时隙 ALOHA 算法、二进制搜索算法等进行了原理阐述和实现。

1. ALOHA 算法

在所有反碰撞算法中，最简单的是 ALOHA 算法。由于只要有一个数据包可以使用，这个数据包就能立即从射频标签发送到读写器，因此这种算法与随机的、受射频标签控制的时分多址法有关。这种算法仅适用于只读射频标签。这类射频标签通常只有一些数据（序列号）传输给读写器，并且这种传输是周期性的。一个数据包的传输时间只是重复时间的一小部分，这使得不同周期的传输之间会产生相当长的时间间歇。此外，因为各个射频标签的重复时间之间的差别是微不足道的，所以存在一定的概率可以在不同的时间段上设置两个射频标签的数据，使数据包不发生碰撞。ALOHA 系统中数据交换的时间过程如图 2-34 所示。

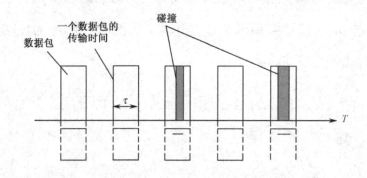

图 2-34　ALOHA 系统中数据交换的时间过程

在 ALOHA 系统中，交换的数据包量 G 和吞吐率 S 之间存在紧密的关系，指标 G 用于衡量交换的数据包量，而指标 S 用于衡量实际成功交换的数据包量与总时间之比。在通常情况下，随着交换的数据包量的增大，碰撞时间会增加，吞吐率会降低。平均交换的数据包量 G 可以由一个数据包的传输时间 τ 计算出来，其公式为

$$G = \sum_{i=1}^{n} \frac{\tau}{T} r_i \qquad (2\text{-}16)$$

式中，$i=1, 2, 3, \cdots, n$，是系统中标签的数量；$r_i = r_1, r_2, \cdots, r_n$，是在观察时间 T 内由射频标签发送的数据包量。若在传输期间可以无错误（无碰撞）地传输数据包，则传输通路的吞吐率 S 等于 1；若没有传输数据包或由于碰撞不能无错误地读出传输的数据，则传输通路的吞吐率 S 等于 0。吞吐率 S 可由交换的数据包量 G 计算，其公式为

$$S = Ge^{-2G} \tag{2-17}$$

观察 ALOHA 算法中交换的数据包量 G 和吞吐率 S 的关系（见图 2-35）可得出，当 $G=0.5$ 时，S 取得最大值，约为 18.4%。对较小的交换的数据包量来说，传输通路的大部分时间没有被利用。当增大交换的数据包量时，射频标签之间的碰撞立即明显增加，80% 以上的通路容量没有被利用。然而，由于 ALOHA 算法实现起来较为简单，因此其能够作为反碰撞算法很好地用于只读的应答器系统。

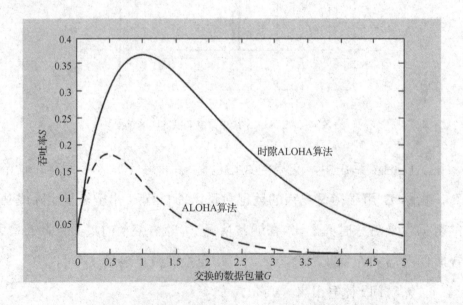

图 2-35　ALOHA 算法和时隙 ALOHA 算法的吞吐率曲线

2. 时隙 ALOHA 算法

在吞吐率较小的情况下，使 ALOHA 算法发挥最佳作用的方法是将其改进为时隙 ALOHA 算法。射频标签只在规定的同步时隙内才传输数据包。在这种情况下，对所有射频标签所必需的同步都应由读写器控制。因此，该方法涉及一种随机的、受读写器控制的时分多址反碰撞算法。

与普通的 ALOHA 算法相比，时隙 ALOHA 算法可能出现碰撞的概率减小一半。

假设数据包大小一样，传输时间 τ 相同，两个射频标签在 $T \leqslant 2\tau$ 的时间间隔内要把数据包传输给读写器。在使用普通的 ALOHA 算法时，总会出现碰撞。在使用时隙 ALOHA 算法时，数据包的传输是在同步时隙内开始的，所以发生碰撞的时间区间缩短到 $T=\tau$。因此，可得出时隙 ALOHA 算法的吞吐率 S 为

$$S = Ge^{-G} \tag{2-18}$$

在时隙 ALOHA 算法中，当交换的数据包量 $G=1$ 时，吞吐率 S 取得最大值，约为 36.8%。对于以时隙 ALOHA 算法为基础的反碰撞算法的实际应用，用以下例子加以说明。

为便于说明，设射频标签的序列号均为 8bit 二进制编码。为使射频标签同步并受到控制，规定以下命令。

- REQUEST：使在读写器作用范围内所有的射频标签同步，并促使射频标签在下一个时隙内将其序列号传输给读写器。
- SELECT（SNR）：将一个事先确定的序列号作为参数发送给各射频标签。具有该序列号的射频标签以此作为执行写入和读出命令

的独立开关。具有其他序列号的射频标签只对 REQUEST 命令做出应答。

● READ-DATA：被选中的射频标签将存储的数据发送给读写器。

处于等待状态的读写器在周期循环的时隙内发送一个 REQUEST 命令。设有 5 个射频标签在同一时间进入了读写器的作用范围，如图 2-36 所示。当应答器识别出 REQUEST 命令时，每个射频标签利用随机振荡器任选 3 个供使用的时隙中的某个时隙，以便将其序列号传输给读写器。在时隙（1）和（2）中，应答器之间发生了碰撞，只有在时隙（3）中，射频标签 5 的序列号可以无错误地进行传输。

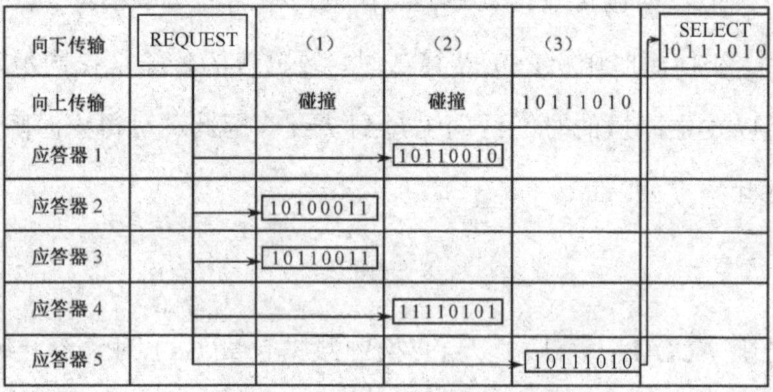

向下传输	REQUEST	(1)	(2)	(3)	SELECT 10111010
向上传输		碰撞	碰撞	10111010	
应答器 1			10110010		
应答器 2		10100011			
应答器 3		10110011			
应答器 4			11110101		
应答器 5				10111010	

图 2-36　采用时隙 ALOHA 算法的射频标签系统

如果读写器无错误地读出了一个序列号，那么可发送一条 SELECT 命令，选中这个被发现的射频标签，紧接着就可在与其他射频标签没有碰撞的情况下读出或写入数据。如果读写器没有发现序列号，那么应单纯地循环发出 REQUEST 命令。

如果对已选中的射频标签处理完毕，就可以重发 REQUEST 命令寻找读写器作用范围内的其他射频标签。

3.　二进制搜索算法

二进制搜索算法适用于 TYPE A。A 型卡采用曼彻斯特编码方式，这使得准确地判断出碰撞位成为可能。图 2-37 所示为利用曼彻斯特编码识别碰撞位。

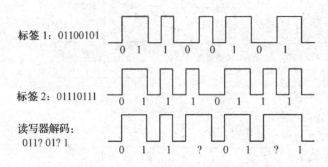

标签 1: 01100101

标签 2: 01110111

读写器解码: 011? 01? 1

图 2-37　利用曼彻斯特编码识别碰撞位

当读写器接收到射频标签发送的信号时，首先判断是否发生碰撞及具体的碰撞位，其次根据碰撞位确定下一次发送的 REQUEST 命令中的参数，再次发送，直到确定其中的一个射频标签为止。为了便于说明，假设射频标签的数据为 8bit，并定义命令 call(code, m)，其含义为读写器向其作用范围内的射频标签发送召唤指令。如果射频标签数据与 call 命令中 code 参数的前 m 位相等，那么满足这个条件的射频标签就做出应答。设有 4 个射频标签同时进入了读写器的作用范围，它们的射频标签编码分别为 tag1(10100011)、tag2(10011011)、tag3(00010001)、tag4(11101100)，二进制搜索算法流程示意图如图 2-38 所示。从图 2-38 中可以看出，call 命令的 code 参数由碰撞位判断得出，而 call 命令中的 m 参数又由相应的 code 参数求得，这样就使算法在执行过程中可以跳过空闲的节点，提高执行效率。

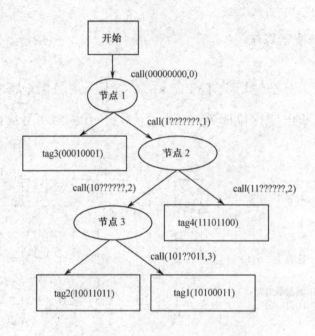

图 2-38　二进制搜索算法流程示意图

本章小结

　　本章对不同频段的射频标签及射频标签的形式进行了介绍，详细分析了读写器中的天线部分和 DSP 部分的工作原理，并介绍了反碰撞算法。

习题

　　1. 简单介绍不同频段射频标签的特点及应用场景。

　　2. DSP 芯片的主要特点有哪些？数字信号处理技术和模拟信号处理技术的区别是什么？

　　3. 介绍几种你熟知的射频标签的天线的制造工艺，并分析它们的优缺点。

第 3 章
RFID 产品生产关键技术

本章目标

◎ 掌握射频标签中的天线和芯片生产技术

◎ 了解读写器生产关键技术和其他生产关键技术

3.1 射频标签生产关键技术

　　射频标签包括芯片、天线和封装材料 3 个部分，如图 3-1 所示。芯片是射频标签的信息存储载体和命令执行核心。天线根据不同的频率和外形需要可以设计成不同的形状和尺寸，图 3-1 所示的是一款天线频率为13.56MHz 的射频标签。封装材料有纸、PVC、PET 等多种，可以根据需要封装成不同外形的射频标签，如贴在物品表面上的纸质射频标签，还有钥匙扣、玻璃管等硬质射频标签。

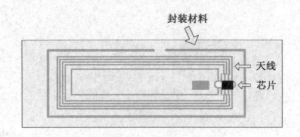

图 3-1　射频标签的结构

在射频标签的生产过程中，通常先将天线和芯片封装在一起，具有代表性的封装方法为 Inlay 封装。射频标签的生产过程如图 3-2 所示。射频标签的生产过程属于半导体生产过程，要经过芯片设计、卡片操作系统设计、天线设计等步骤。天线制造工艺有蚀刻工艺、丝网印刷工艺、电镀工艺等。将芯片和天线封装成 Inlay 的过程可以称为微封装，使用半导体封装技术。外封装是指封装材料和 Inlay 的封装。封装材料表面可以印制高质量的彩色图案，也可以附着不干胶以使射频标签可以粘贴在物品表面上。

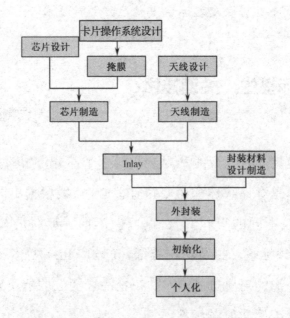

图 3-2　射频标签的生产过程

3.1.1　芯片的设计和制造

不同频段的射频标签的芯片基本结构类似，一般包含射频模块、模拟模块、数字基带模块和存储器单元模块等。其中，射频模块主要用于对射频信号进行整流和反射调制等；模拟模块主要用于产生芯片内所需的基准电源和系统时钟及进行上电复位等；数字基带模块主要用于对数字信号进行编码、解码及进行反碰撞协议的处理等；存储器单元模块主要用于信息的存储。

射频标签的芯片是一种半导体芯片。半导体芯片的制造工艺有多种类型，根据元件类型可分为 CMOS、Bipolar、BICMOS 等工艺；根据材料可分为 Si、Ge、GaAs 等工艺；根据衬底类型可分为体硅、SOI 等工艺。RFID 应用的特点是批量大，对成本的变化极其敏感。尽管有厂家可以利用特殊工艺设计制造出 RFID 产品，但综合考虑国内的实际情况，基于 CMOS 工艺的技术比较适用于目前应用的射频标签的芯片的制造。

在芯片的制造过程中，测试起着关键的作用。要测试集成电路设计是否成功，首先需要进行流片。流片是指从电路图到芯片，检验每一个工艺步骤是否可行，以及电路是否具备所需的功能。若流片成功，则可以大规模地制造芯片；反之，则需要找出未成功的原因，并进行相应的优化设计。其次，在每个制造步骤完成时都要进行严格的测试，这样可以及时找出芯片制造中的漏洞并进行弥补，以免造成生产上的浪费，同时保证芯片的质量。

为了能在当今激烈的市场竞争中立于不败之地，芯片的生产厂家必须保证其产品质量。而为了保证产品质量，在芯片的生产过程中就需要采用各类测试技术进行测试，以便及时发现芯片的缺陷或故障并进行弥补或修复。随着电路板上元件组装密度的增加，传统的电路接触式测试受到了极大的限制，而非接触式测试的应用越来越普遍。所谓非接触测试，主要是指利用光对制造过程中或已经制造出来的芯片进行测试。这种方法不会受到元件组装密度的影响，能够以很快的测试速度发现芯片的缺陷或故障。

掩膜是把在计算机中设计出来的电路图用光照到金属薄膜上印制而成的。就像光从门缝中透过，能在地上形成光条一样，特制的金属薄膜能对光产生反应，在光照到的地方形成孔，即在其表面有电路的地方形成孔，这样就形成掩膜。把刚制作好的掩膜盖在硅片上，当光通过掩膜时，电路就印制在硅片上了。如果按照电路图，将应该导电的地方连通，将应该绝缘的地方断开，那么就可以在硅片上印制所需的电路。而印制上下多层连通的电路就需要多个掩膜，这样就将原来的硅片制造成了芯片。

3.1.2 天线的设计和制造

天线的设计目标是传输最大的能量至射频标签芯片，需要仔细地研究天线和射频标签芯片之间的匹配问题。天线的原理和设计在低频、中高频和超高频及以上频段有着根本的不同。由于在低频和中高频频段，RFID 系统的近场中并没有电磁波的传播，因此天线的问题主要集中在超高频及以上频段。当工作频率增加到微波频段的时候，天线与射频标签芯片之间的匹配问题变得更加严重。一直以来，天线的开发都基于 50Ω 或 75Ω 的输入阻抗，而在 RFID 应用中，因为芯片的输入阻抗可能是任意值，并且很难在工作状态下进行准确测量，缺少准确的参数，所以天线的设计难以达到最佳状态。天线特性受所标识物体的形状及物理特性影响，如射频标签到粘贴有射频标签物体的距离、贴有射频标签物体的介电常数、金属表面的反射、局部结构对辐射模式的影响等都会影响天线的性能。对天线的小尺寸及低成本等要求也为天线的设计带来挑战，天线的设计面临许多难题。

射频标签主要包含天线和芯片两个部分，天线的功能主要是接收电磁波，将电磁波转换为电信号传输给芯片。这两个部分的成本基本各占一半，寻找降低射频标签制造成本的方法一直是 RFID 领域的研究热点。传统的天线制造工艺有蚀刻工艺、丝网印刷工艺和电镀工艺等。

1）蚀刻工艺

蚀刻工艺是半导体工业中的传统工艺，具体流程是在天线的承载材料上层压一层平面铜箔片或铝箔片，在箔片上涂一层感光胶；用一个带有天线形状的正片对箔片层进行曝光，感光胶的光照部分被洗掉，其下层的金属就显露出来；这些金属经过蚀刻溶解，留在承载材料上的线圈就是天线，其宽度约为 $100×10^{-6}$m，高频天线厚度通常为$(6\sim12)×10^{-6}$m，超高频天线厚度通常为$(1\sim3)×10^{-6}$m。使用蚀刻工艺制造的天线如图 3-3 所示。

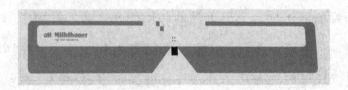

图 3-3　使用蚀刻工艺制造的天线

若使用铜或铝作为材质，则天线可以享有最大信号，并且能在射频标签的方向性和天线的极化等特性上都与读写器的询问信号相匹配，同时其在天线阻抗应用到物品上的性能，以及在有其他物品围绕粘贴有射频标签物品时的性能等方面都有很好的表现。使用铜或铝的缺点是成本太高。

蚀刻工艺的优点是工艺简单，但在蚀刻工艺中，电镀层的厚度控制是一个关键点，而且其成本高，污染也较大。

2）丝网印刷工艺

丝网印刷简称丝印，是天线制造工艺中较新的一种工艺。丝印的套印精度可以达到(20～50)×10⁻⁶m。该工艺通过丝网在承载材料表面按照天线形状印刷一层导电油墨。导电油墨经过干燥，在承载材料表面形成导电胶片，即形成印刷电路。在连接芯片后还要进行层压，在加热、加压的作用下使导电油墨颗粒间的接触点更大，以减小天线的电阻。以单色丝印为例，丝印工艺的生产过程如图 3-4 所示。

图 3-4 丝印工艺的生产过程

在印刷前，承载材料为卷材。清洁和电晕都有利于导电银浆的丝印性能和附着效果。导电银浆是导电油墨的一种，它由非常精细的银粒和低温固化的热塑性树脂组成，适用于丝网印刷。该产品能够用于薄膜开关、柔性印刷电路，它能低温固化，有极佳的附着力和覆盖面，并且电阻值非常低。导电银浆既可单独使用，又可与导电碳浆组合使用，对导电性能要求不高，在不必使用纯银时，组合使用可大大降低成本。

干燥方式有红外、UV 和热风 3 种，热风干燥方式可使干燥时间更短，天线绝缘桥干燥需要使用 UV 干燥方式。干燥后钢棍压平使导电银浆颗粒之间的距离更近，天线也更平滑。在对天线电阻、高频导通等参数的测试完成后，可以对天线进行生产。以上步骤对 PVC 等塑料材料也完全适用，而对于纸基则需要进行预干燥，使纸基经过 140h 干燥预收缩定型，不必进行清洁、电晕和压平。事实上，电晕只对中高频产品起作用，而对超高频和低频产品则不起丝毫作用。丝印工艺同时还需要一些辅助配套设备，如重绕机、磨刮刀机、油墨搅拌机、网框和刮墨刀等，同时还需要准备导

电油墨,以及其他添加剂和清洗剂等。使用丝印工艺制造的天线如图 3-5
所示。

图 3-5   使用丝印工艺制造的天线

导电油墨是以超细银粉和热塑性树脂为主体的液态油墨,在 PET、PT、
PVC 和纸基承载材料上均可使用,有极强的附着力和遮盖力,可低温固
化,具有可控导电性,电阻值很小。

丝印技术在国外已经成功应用,但在印刷分辨率、套准精度、必要的
隔离层和干净的印刷环境等方面还有待实质性的改善和提高。我国具备一
定的利用导电油墨(如导电银浆)进行天线加工的能力,但在关键技术上
与国外还有一定的差距。而且由于丝印天线设备价格昂贵,因此丝印技术
应用较少。典型的丝印天线设备如图 3-6 所示。PRECO 公司设计、生产
优质的丝印天线设备已有 30 年左右的历史,拥有受专利保护的 CCD 光学
定位丝印天线设备,是世界上拥有优质丝印定位技术、丝印误差设备主动
补偿和丝印网框张力补偿的公司之一,实际印刷成品精度为±0.038mm。
其丝印天线设备具有很多独特设计,为丝印天线提高良品率、保证产品性
能一致性及降低产品成本提供了保证。

丝印工艺的优点是工艺简单、成本低、吞吐率高,这种工艺适用于天
线的大批量生产。但是目前导电油墨中使用的导电银浆成本较高,这是丝
印成本中的重要问题。在丝印过程中,应注意承载材料的张力,通过拍照
进行实时检测定位和纠偏。当采用单色丝印时,对于高频产品,使用单色

三次套印的方式进行印刷；对于超高频产品，则一次就可以印刷完毕。此时套印精度、拍照检测定位、材料变形的控制和校正都很关键。

图 3-6   典型的丝印天线设备

3）电镀工艺

电镀工艺吸收了传统蚀刻和丝印工艺的优点并对其进行了突破，用电镀的原理生产线圈，在 PE 薄膜表面按天线形状印刷上一层有利于铜或铝附着的导电油墨，然后沿着轨迹镀铜，使金属沉积在 PE 薄膜上。当沉积层达到一定厚度时，线圈就制成了。这种方式与蚀刻工艺相反，避免了金属的大量浪费，对环境的污染也相对小一些，同时天线性能稳定，比丝印技术应用效果更好，为天线成本的降低和大批量生产提供了可能。典型的电镀设备如图 3-7 所示。

图 3-7   典型的电镀设备

最近出现的天线制作工艺还有模切法和切削法等。

模切法是一种裁切工艺，它的原理是先将不干胶材料放在模切台上，然后按照设计好的天线图形进行制作，对模切刀板施加压力，使刀锋对应的地方受力后断裂分离，最后排除不需要的部分，得到所需要的图形。一般会进行两次排除，尽量使天线精致。常用的模切材料有带硅油的离型纸、胶黏层和带增强层的铝箔等。

切削法的工作原理是先按照设计好的天线图形制作凹凸压印辊，其中凸起部分是被切削的部分，凹陷部分是金属层保留区域，再用高速旋转的切削轮对压印辊表面的复合膜进行切削，最后得到所设计的天线。

这两种新的天线制作工艺成本相对传统工艺更低，原理也相对简单，制作过程中几乎无污染。

3.1.3　芯片与天线的封装

芯片与天线的封装技术有 Inlay 封装技术和 Transponder 封装技术等。Inlay 封装技术早在 1997—1998 年就由海外引进至我国，并很快开始在国内进行应用。到目前为止，超过 95%的射频标签都是采用 Inlay 封装技术进行封装的，该技术的核心是将芯片封装成模块后，再与绕制天线导通脚连接成一个闭合电路，并嵌入封装材料。Transponder 封装技术在 1999—2001 年随着射频标签传入我国，它使用未经封装成模块的芯片，经倒贴片技术与腐蚀或印刷的天线连接后形成一个 Transponder。无论 Inlay 封装还是 Transponder 封装，使用的封装方式大同小异。下面以 Inlay 封装过程为例，介绍几种重要的封装方式。

射频标签芯片与天线的连接封装工艺叫作邦定，邦定完成的模块称为 Inlay。邦定的技术含量较高，其加工设备比较昂贵，是影响射频标签性能的关键因素。邦定工艺主要有倒装（Direct Flip）邦定方式和条带（Strap Attach）邦定方式两种。

1）倒装邦定方式

倒装邦定方式将芯片从晶圆片上取出，翻转 180°，直接邦定到射频标签天线的线圈上，形成稳定可靠的机械和电气连接。这种方式是目前由芯片到基板之间形成最短路径的一种封装方式。由于使用倒装邦定方式焊接的焊盘可采用阵列排布，因此芯片安装密度高，适用于高 I/O 数的 LSI、VLSI 芯片。另外，因为倒装邦定方式采用芯片与基板直接连接的安装方法，所以其具有更优越的高频、低延迟、低串扰电路特性，更适用于高频、高速的电子产品。这种方式具有性能高、成本低、微型化、可靠性高的特点，尤其适用于柔性承载材料。倒装邦定方式如图 3-8 所示。

图 3-8　倒装邦定方式

倒装邦定有多种不同工艺，常见的有受控塌陷连接（Controlled Collapse Chip Connection，C4）工艺、热超声倒装焊接工艺、导电胶黏结工艺等。下面分别对这几种工艺进行介绍。

（1）C4 工艺。

C4 工艺是 IBM 在 20 世纪 60 年代为将芯片黏结到陶瓷基板上而开发的工艺，是最早应用的倒装邦定工艺，其开发目的是改善原来手工引线键合可靠性差和生产效率低的问题。该工艺采取焊球受限冶金学焊盘的办法来限制芯片表面的焊料流动。

C4 工艺的主要流程：在晶圆片上的凸点制作完成后，用芯片分选器从晶圆片中取出单个芯片，将其倒置；用丝印机在印有天线的基板上丝印焊料，或在基板上涂敷助焊剂作为芯片定位的黏结剂；带有图像识别系统的高精度贴片机经过精确对准，把芯片放置在基板上；在贴片完成后，把基板放入设置好温度曲线的再流炉中进行焊接，焊接温度视焊料的熔点而定；焊接完成后，要用适当的溶剂清洗残留物；进行底部填充，完成点胶、固化等工序，固化工序需要的温度为 150℃，时间为 3h。

C4 工艺的主要优点：由于焊料具有很大的表面张力，因此芯片凸点和基板焊盘的自对准能力很强。光电组件封装能很好地利用其特性，使自对准精度达到 1μm。C4 工艺的封装设备与标准的 SMT 组装设备兼容，可以节约研发成本。

（2）热超声倒装焊接工艺。

热超声倒装焊接工艺在微电子封装领域应用非常广泛。目前，半导体元件的引线键合连接就主要采用热超声倒装焊接工艺，该工艺也可应用于芯片的倒装邦定。

热超声倒装焊接工艺的工作原理：在一定的压力和温度下，对芯片凸点施加超声波能量，经过一段时间后，芯片凸点与基板焊盘产生结合力，从而实现芯片凸点与基板的连接。采用该工艺的芯片凸点界面结合过程是一个摩擦过程，首先进行界面接触和预变形，即在给定压力下，芯片凸点与基板接触并在一定程度上被挤压、变形；然后进行超声作用，除去芯片凸点表面的氧化物和污染层，此时温度剧烈上升，芯片凸点发生变形并与基板焊盘中的原子相互渗透。热超声倒装焊接工艺的关键参数是压力、温度、超声波功率和焊接时间。目前热超声倒装焊接工艺的金凸点结合强度已达到 31g/bump，远远高于 5g/bump 焊接强度的规范要求。

热超声倒装焊接工艺的主要流程：当芯片凸点和基板制作完成后，把基板固定在加热台上，加热台采用恒温加热法，加热温度大约为 150℃；利用真空吸头，通过夹具夹持芯片，并利用光学系统实现芯片与基板焊盘的对准；带有芯片的夹具缓慢下降，直至芯片凸点与基板焊盘相互接触，并对其施加一定的压力；对芯片施加超声波能量，使芯片凸点发生变形并与焊盘结合；焊接完成后，释放真空吸头，提升夹具。

热超声倒装焊接工艺的主要优点：由于超声波能量的引入，该工艺的焊接压力比较小，焊接温度比较低，能对基板和芯片起到保护作用。焊接凸点可以选取金凸点和铝凸点等。热超声倒装焊接工艺过程简单，是一种清洁的无铅焊接，对人体和环境不会造成损害。

（3）导电胶黏结工艺。

导电胶黏结工艺采用各向异性导电胶（Anisotropic Conductive Paste，ACP）和热压焊接原理，将具有精细间距的芯片焊接到基板上，实现芯片和基板的机械和电气连接。

导电胶黏结工艺的工作原理：导电胶黏结剂（俗称导电胶）中间悬浮着微小的导电颗粒，在热压焊接之前，导电颗粒被导电胶中间的绝缘物质分隔开。当导电胶位于需要连接的部件之间时，导电胶就与部件的连接表面接触，施加合适的压力并持续一定的时间，导电胶就产生塑性变形，导电颗粒被挤压裂开，部件连接表面导体部分与导电胶中被挤压裂开的导电颗粒形成导电通道，并且导电通道只沿着导电颗粒被挤压的方向，而在其他方向上呈现绝缘性。这样，导电胶在加压状态下冷却和固化，形成稳定可靠的连接面，即实现部件之间的机械和电气连接。采用导电胶黏结工艺进行倒装焊接的芯片引脚最小间距为 100μm。

导电胶黏结工艺的主要流程：进料装置将天线载带卷筒通过进料卷轴输入第一道加工装置；同时，缓冲轴和天线载带卷筒控制器共同作用，调节控制传送，保证天线感光载带输入传送的正确方向和天线基面间隔的精确走势。黏结装置将导电胶分点到载带上天线需要固晶的位置。预黏晶装置将晶片从晶圆片上取下，通过 180° 倒装工艺将晶片黏结到天线上需要固晶的位置。在倒装前要对晶片进行拍照比对和位置纠偏，然后由固晶装置将晶片紧密黏结到天线上。也就是通过热效应加压并持续一定时间，将 ACP/NCP 固化。测试装置通过一个监测系统来测试 Inlay 的性能。标准的收料装置是将成品天线载带卷到另一个收料卷轴上。根据 Inlay 的最终用途和用户需要，可以选择其他收料装置，如条切割装置、片切割装置等。

2）条带邦定方式

条带邦定方式是指先用倒装方式将芯片倒装在条带上，再将条带邦定到射频标签天线的线圈上，进行微封装。与倒装邦定方式相比较，条带邦定方式的成本较高。条带邦定方式如图 3-9 所示。

图 3-9　条带邦定方式

为了适应更小尺寸的射频芯片并有效地降低生产成本，芯片与天线基板的封装由两个模块分别完成。将芯片先转移至可等间距承载芯片的条带上，再将条带上的芯片倒装在天线基板上。由于条带邦定方式中使用了很多与倒装邦定方式相同的工艺，因此其具体的工艺流程不再赘述。

条带是 35mm 宽的塑料条带，用以并排携带成对的芯片，根据芯片的大小，每轴条带可以携带 10000～20000 个芯片。这是由于在早期的 IC 卡生产中，使用 35mm 胶卷格式作为芯片的载体，其仅需要少量的开发改装即可使用，这种方式经济实用，因此延续至今。

在条带邦定方式中，芯片的倒装是靠条带翻转的方式来实现的，由于这种方式简化了芯片的拾取操作，因此可实现更高的生产效率。理论上，目前正在研究发展的流体自装配、振动装配等技术中，可以实现微小芯片至条带的批量转移，能极大地提高芯片与天线的封装效率。

条带邦定方式的成本较高，但是其生产方式灵活、技术门槛低，可以服务于小批量、个性化生产，适用于有特殊外形需求的射频标签。

在多种封装工艺的基础上，射频标签的封装形式也呈现多样化，并且不受尺寸和形状的制约，如卡片类、标签类、异形类等。卡片类是利用层压式和胶合式工艺封装的各种尺寸的卡片；标签类将粘贴式和吊牌式工艺应用于服饰等各类物品，是生活中应用最广泛的封装产品；异形类是指利用金属表面设置型和腕带型工艺进行制作封装，可以在一定程度上不受金属的影响。

3.2 读写器生产关键技术

在 RFID 系统中，读写器的生产过程与一般电路板的生产过程类似。RFID 生产厂家通常只负责读写器的设计和封装，而板材的制造和印刷、外封装材料的制造等均采用外协。RFID 生产厂家在接到客户要求后，按照一定步骤进行产品的研发和生产，读写器的生产过程如图 3-10 所示。

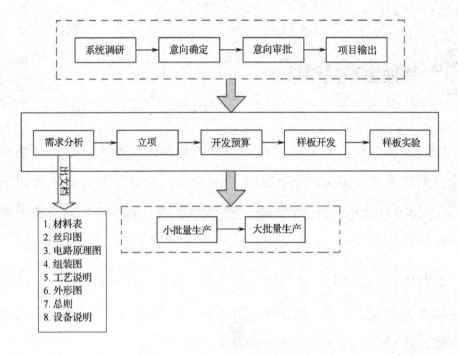

图 3-10　读写器的生产过程

　　系统调研、意向确定、意向审批和项目输出是 RFID 生产厂家进行读写器生产的第一步。在确定开展某个项目后，要对客户的需求进行分析，完成相应的文档。根据文档进行立项、开发预算、样板开发和样板实验。确认样板符合要求之后，进行小批量的生产。在样板使用一定时间后，市场部根据客户需求下放任务单至生产部，生产部管理 RFID 生产厂家进行大批量生产。

　　需求分析所列出的文档在读写器的生产过程中具有重要的作用。材料表通常要标明材料的要求，如读写器的外形、绝缘性、阻抗等，以及电路板的材质、厚度、耐高温高压性等，以便采购人员进行采购。丝印图交由电路板印制厂家进行印制。丝印图和电路原理图是技术人员进行样板开发、实验和批量生产的重要依据。RFID 生产厂家按照组装图和工艺说明进行生产，同时由外封装材料制造厂家按照外形图的要求进行制造，由RFID 生产厂家进行封装。

3.3 其他生产关键技术

布线工艺：先将芯片固定在承载材料相应的位置上，然后用超声探头直接对直径为 $150×10^{-6}$m 的铜丝进行热熔，再在承载材料上按照需要焊压，"绘制"出天线的形状，最后在开始或结束端用点焊设备将天线与芯片连接起来。

绕制工艺：是蚀刻工艺的进一步发展，先将直径为 $150×10^{-6}$m 的铜丝绕制成抽头线圈的形式，再在承载材料上进行热压，使其固定。与蚀刻工艺相比，绕制工艺成本低，适合批量生产。

本章小结

本章介绍了 RFID 产品生产关键技术，包括射频标签中的芯片与天线的设计和制造，芯片与天线的封装技术，以及读写器生产和布线工艺与绕制工艺等其他生产关键技术。

习题

1. 传统的射频标签天线制作工艺有哪些，其工作原理是什么？

2. 介绍 Inlay 封装技术的原理。

第4章
RFID 标准体系

◈◈◈   **本章目标**

◎ 了解国际 RFID 标准体系、EPC 标准体系和 UID 标准体系

◎ 了解我国 RFID 标准的发展状况

随着芯片价格的逐步降低，射频标签的价格也在逐步降低，在物联网大力发展的背景下，RFID 技术已经广泛应用于各个领域。国际标准化组织（ISO）、以美国为首的 EPCglobal、日本 UID 等标准化组织纷纷制定 RFID 相关标准，并在全球范围内积极推广这些标准，致力于推进 RFID 技术的快速发展。

4.1 国际 RFID 标准体系

RFID 标准的制定工作最早可以追溯到 20 世纪 90 年代，早期 RFID

标准制定工作中涉及企业、区域标准化组织和国家 3 个层次的代表者，他们将 RFID 标准划分为 4 个方面：数据标准、空中接口标准、测试标准和实时定位标准。这些标准考虑的重点是应用层的共性问题，涉及射频标签、空中接口、读写器等。ISO 制定的 RFID 标准内容主要针对不同使用对象，确定了使用条件、射频标签尺寸、射频标签粘贴位置、数据内容格式、使用频段等方面的具体规范，同时也包括了数据的完整性、人工识别等其他要求。其标准的提出为 RFID 标准体系建立了一个基本框架，其他标准可以对其进行补充和优化，既能保证 RFID 技术的互通性，又能兼顾不同应用领域的特点，可以满足不同的应用需求。

在国际 RFID 标准体系中，ISO/IEC 18000、ISO/IEC 10536、ISO/IEC 14443、ISO/IEC 15693 是较受关注的几种标准，它们规定了使用不同频率的卡的结构和工作参数，绝大部分的智能卡、射频标签和读写器都遵循这几种标准中的一种或多种。数据标准、空中接口标准、测试标准和实时定位标准根据不同行业和企业的应用侧重点不同而不同。

技术标准 1. ISO/IEC 18000 Information technology—Radio frequency identification for item management（信息技术——物品管理的射频识别）

ISO/IEC 18000 涉及 135kHz、13.56MHz、433MHz、860~960MHz、2.45GHz 等频段，其涉及范围较广。其中，ISO/IEC 18000-6 涉及的频段为 860~930MHz，由于其符合 EPC 系统的要求，可用于物品的供应链管理，因此受到广泛重视。2006 年 7 月 12 日，EPCglobal 宣布其 UHF Gen 2 空中接口协议作为 C 类 UHF RFID 标准经 ISO 核准并入 ISO/IEC 18000-6 修订标准 1。

ISO/IEC 18000-7 是另一个备受关注的标准。2006 年下半年，美国国防部签订了上亿美元的符合 ISO/IEC 18000-7 标准的有源 RFID 产品订单。

2022 年上半年，我国智慧标准应用示范案例出炉，其中包括"智慧石狮管控指挥平台""泉州市城市安全信息系统"等。澳大利亚、韩国和我国政府也相继批准了 ISO/IEC 18000-7 的应用。

ISO/IEC 18000 由以下 7 个部分组成。

（1）Part 1: Reference architecture and definition of parameters to be standardized（空中接口一般参数和参考体系）。

（2）Part 2: Parameters for air interface communications below 135kHz（135kHz 以下频段的空中接口通信用参数）。

（3）Part 3: Parameters for air interface communications at 13.56MHz（13.56MHz 频段的空中接口通信用参数）。

（4）Part 4: Parameters for air interface communications at 2.45GHz（2.45GHz 频段的空中接口通信用参数）。

（5）Part 5: Parameters for air interface communications at 5.8GHz（5.8GHz 频段的空中接口通信用参数）。

（6）Part 6: Parameters for air interface communications at 860MHz to 960MHz（860～960MHz 频段的空中接口通信用参数）。

（7）Part 7: Parameters for active air interface communications at 433MHz（433MHz 频段的有源空中接口通信用参数）。

技术标准 2. ISO/IEC 10536 Identification cards—Contactless integrated circuit(s) cards—Close-coupled cards（识别卡——无接触点集成电路卡——紧密耦合卡）

ISO/IEC 10536 主要发展于 1992—1995 年，由于这种卡的成本较高，读写距离仅为 0～1cm，与接触式 IC 卡相比优点很少，因此这种卡在市场中销售较少。

ISO/IEC 10536 由以下 4 个部分组成。

（1）Part 1: Physical characteristics（物理特性）。

（2）Part 2: Dimensions and location of coupling areas（耦合区尺寸和位置）。

（3）Part 3: Electronic signals and reset procedures（电子信号和复位过程）。

（4）Part 4: Answer to reset and transmission protocols（复位应答和传输协议）。

技术标准 3. ISO/IEC 14443 Identification cards—Contactless integrated circuit(s) cards—Proximity cards(识别卡——无接触点集成电路卡——近程卡)

ISO/IEC 14443 发展于 1995 年，单个系统于 1999 年进入市场，而其完成于 2000 年之后。ISO/IEC 14443 以 13.56MHz 交变信号为载波频率，读写距离为 0～10cm，比 ISO/IEC 10536 涉及的读写距离长，故应用较广泛。ISO/IEC 14443 定义了 TYPE A、TYPE B 两种类型协议，通信速率均为 106kbit/s，TYPE A 和 TYPE B 的不同之处主要为载波的调制深度和位编码方式。

ISO/IEC 14443 由以下 4 个部分组成。

（1）Part 1: Physical characteristics（物理特性）。

（2）Part 2: Radio frequency power and signal interface（频谱功率和信号接口）。

（3）Part 3: Initialization and anti collision（初始化和反碰撞算法）。

（4）Part 4: Transmission protocol（传输协议）。

技术标准 4. ISO/IEC 15693 Identification cards—Contactless integrated circuit(s) cards—Vicinity cards（识别卡——无接触点集成电路卡——邻近卡）

ISO/IEC 15693 和 ISO/IEC 14443 一样，发展于 1995 年，完成于 2000 年之后。其交变信号的载波频率为 13.56MHz。ISO/IEC 15693 涉及的读写距离较长，根据应用系统的天线形状和发射功率不同，读写距离一般为 0～100cm。

ISO/IEC 15693 由以下 3 个部分组成。

（1）Part 1: Physical characteristics（物理特性）。

（2）Part 2: Air interface and initialization（空中接口和初始化）。

（3）Part 3: Anti collision and transmission protocol（反碰撞算法和传输协议）。

数据标准 1. ISO/IEC 15961 Information technology—Data protocol for radio frequency identification (RFID) for item management（信息技术——物品管理用射频识别的数据协议）

ISO/IEC 15961 由以下 4 个部分组成。

（1）Part 1: Application interface（应用接口）。

（2）Part 2: Registration of RFID data constructs（射频识别数据结构的注册）。

（3）Part 3: RFID data constructs（射频识别数据结构）。

（4）Part 4: Application interface commands for battery assist and sensor functionality（电池辅助和传感器功能的应用程序接口命令）。

数据标准 2. ISO/IEC 15962 Information technology—Radio frequency identification (RFID) for item management—Data protocol: data encoding rules and logical memory functions（信息技术——物品管理用射频识别——数据协议：数据编码规则和逻辑记忆功能）

ISO/IEC 15962 主要介绍数据协议中的数据编码规则和逻辑记忆功能。

数据标准 3. ISO/IEC 15963 Information technology—Radio frequency identification for item management（信息技术——物品管理用射频识别）

ISO/IEC 15962 主要介绍物品管理用射频识别。

数据标准 4. ISO/IEC 15424 Information technology—Automatic identification and data capture techniques—Data carrier identifiers (including symbology Identifiers){信息技术——自动识别和数据捕获技术——数据载体标识符（包括符号标识符）}

ISO/IEC 15424 主要介绍自动识别和数据捕获技术中的数据载体标识符（包括符号标识符）。

数据标准 5. ISO/IEC 15418 Information technology—Automatic identification and data capture techniques—GS1 application identifiers and ASC MH10 data identifiers and maintenance（信息技术——自动识别和数据捕获技术——GS1 应用标识符、ASC MH10 数据标识符和维护）

ISO/IEC 15418 主要介绍自动识别和数据捕获技术中的 GS1 应用标识

符、ASC MH10 数据标识符和维护。

数据标准 6. ISO/IEC 15459 Information technology—Automatic identification and data capture techniques—Unique identification（信息技术——自动识别和数据捕获技术——唯一识别）

ISO/IEC 15459 由以下 6 个部分组成。

（1）Part 1: Individual transport units（个人运输单元）。

（2）Part 2: Registration procedures（注册程序）。

（3）Part 3: Common rules（常见规则）。

（4）Part 4: Individual products and product packages（个人产品和产品包）。

（5）Part 5: Individual returnable transport items (RTIs)（个人可退回运输物品）。

（6）Part 6: Groupings（分组）。

测试标准 1. ISO/IEC 18046 Information technology—Radio frequency identification device performance test methods（信息技术——射频识别设备性能测试方法）

ISO/IEC 18046 由以下 4 个部分组成。

（1）Part 1: Test methods for system performance（系统性能测试方法）。

（2）Part 2: Test methods for interrogator performance（询问器性能测试方法）。

（3）Part 3: Test methods for tag performance（标签性能测试方法）。

（4）Part 4: Test methods for performance of RFID gates in libraries（图书馆射频识别门性能测试方法）。

测试标准 2. ISO/IEC 18047 Information technology—Radio freguency identification device conformance test methods（信息技术——射频识别装置合格测试方法）

ISO/IEC 18047 由以下 7 个部分组成。

（1）Part 1: Radio frequency identification device conformance test methods（射频识别设备一致性测试方法）。

（2）Part 2: Test methods for air interface communications below 135kHz（135kHz 以下频段的空中接口测试方法）。

（3）Part 3: Test methods for air interface communications at 13.56MHz（13.56MHz 频段的空中接口测试方法）。

（4）Part 4: Test methods for air interface communications at 2.45GHz（2.45GHz 频段的空中接口测试方法）。

（5）Part 5: Test methods for air interface communications at 5.8GHz（5.8GHz 频段的空中接口测试方法）。

（6）Part 6: Test methods for air interface communications at 860 to 960MHz（860～960MHz 频段的空中接口测试方法）。

（7）Part 7: Test methods for active air interface communications at 433MHz（433MHz 频段的有源空中接口测试方法）。

4.2 EPC 标准体系

随着经济全球化的发展，需要对大量的物品进行编码的管理，条形码已经不能满足人们日益增长的需求，EPC（Electronic Product Code，电子产品编码）顺势而生。EPC 的概念是由美国麻省理工学院提出的，为了推进 EPC 系统的发展，美国麻省理工学院同时还成立了 Auto-ID 中心。2003年，EAN 和 UCC 联合收购了 EPC，并成立了 EPCglobal，在美国、英国、日本、韩国、中国、澳大利亚和瑞士分别建立了实验室对 EPC 进行相应的研发。EPCglobal 得到了 100 多个国际大公司的鼎力支持，其大力推广 EPC 标准，中国物品编码中心也参与其中。EPC 标签数据标准定义了数据在 EPC 标签中的编码方式及在 EPC 系统网络中信息系统层的编码方式（如 EPC URI，EPC 统一资源识别编码）。EPCglobal 于 2004 年 1 月发布了 EPC Generation 1 Tag Data Standards Version 1.1 Rev 1.24，该版本已经得到了广泛的应用。2005 年 10 月，EPCglobal 又发布了 EPC Generation 1 Tag Data Standards Version 1.1 Rev 1.27。2016 年 8 月，EPCglobal 继续发布了发现、配置与初始化（DCI）GS1 EPCglobal 标准 1.0 版，该版本得到了许多支持和拥护。

与国际 RFID 标准体系相比，EPC 标准体系主要面向物流供应链领域，解决了供应链中的透明性和追踪性问题，使用户能够实时了解物品的物流等信息，如位置、产地、日期等。在空中接口协议方面，EPC 标准体系尽量和国际 RFID 标准体系兼容，而物联网标准是 EPC 独有的，国际 RFID 标准体系中只考虑了身份识别和数据采集，并没有对数据采集之后应如何处理进行规定。

EPC 标签设定了 5 个不同等级（Class），具体如下。

（1）Class 0（Read Only，只读）：简单被动式 EPC 标签。EPC 标签在出厂时即写入一组不可更改的号码，提供简单的识读服务。

（2）Class 1（Write Once/Read Many，写一次读多次）：简单被动式、可供一次写入的只读 EPC 标签。沃尔玛要求供应商所贴的 EPC 标签就属于该等级。

（3）Class 2（Read/Write，读/写）：具有可重复读写功能的被动式 EPC 标签。在 Class 0 或 Class 1 的基础上附加了一些功能，如用户可改写密码等。

（4）Class 3：内置感应器的半被动 EPC 标签，有重复读写功能，包含额外的感应器，可检测温度、湿度的动向变化并记录在 EPC 标签中，内建电池扩大读取距离。Class 3 兼容 Class 2，读写距离大、成本高，一般适用于较贵重的物品。

（5）Class 4：是一种有源的半被动 EPC 标签，可主动与其他 EPC 标签沟通，目前还处在研发中。

4.3　UID 标准体系

日本制定的 UID 标准类似于 EPC 标准体系，其希望构建一个属于自己的完整的 RFID 标准体系，日本的 UID（Ubiquitous ID，泛在识别）中心一直致力于本国的标准 RFID 产品开发和推广，拒绝采用美国的 EPC 标准体系。与美国大力发展超高频段不同，日本对微波频段更加青睐，目前日本已经开发了许多工作频段为 2.4GHz 的 RFID 产品，并且 UID 中心在所有的 RFID 产品中都植入了微型芯片，组建网络进行通信。

UID 中心的 UID 技术体系架构由 UID 码（UCode）、信息系统服务器、泛在通信器和 UCode 解析服务器 4 个部分构成。UID 中心把射频标签进行分类，并设立了 9 个不同的认证标准。

（1）Class 0：光学性 ID 射频标签。该标签是可通过光学性手段读取的 ID 射频标签，条形码、二维码等均属于此等级。

（2）Class 1：低级射频标签。代码在工厂生产时就已被烧制到 RFID 产品上，不可改变，因受形状、大小等限制而生产困难，是耐复制的射频标签。

（3）Class 2：高级射频标签。该标签是通过简易认证方式、具有防伪识别协议的标签，能通过命令控制其代码是否可读写。

（4）Class 3：低级智能射频标签。该标签具有抗破坏性，是与私有密钥认证通信网络对应的、具有端对端访问保护功能的标签。

（5）Class 4：高级智能射频标签。该标签具有抗破坏性，是与公共密钥认证通信网络对应的、具有端对端访问保护功能的标签。

（6）Class 5：低级主动性射频标签。该标签能通过不可识别的简易认证通信网络访问，其代码的可读写性也是可控制的。而且，该标签具有长寿命电池或自我发电功能，在被访问之外的时间内也可运行。

（7）Class 6：高级主动性射频标签。该标签具有抗破坏性，是与公共密钥认证通信网络对应的、具有端对端访问保护功能的标签。该标签也具有长寿命电池或自我发电功能。此外，该标签还可进行编程。

（8）Class 7：安全盒。该标签是可存储大量数据、安全且牢固的计算机节点。它是抗破坏规格的框体，具备有线网络通信功能，具有 ETRON

ID，实际安装的有 ETP（Entity Transfer Protocol）等。

（9）Class 8：安全服务器。该标签是可存储大量数据、安全且牢固的计算机节点。除具有 Class 7 的安全盒的功能外，它还可通过更加严密的保安手续运行。

4.4　我国 RFID 标准的发展状况

　　随着物联网的快速发展，RFID 技术也走进了人们生活的方方面面，世界各国都在大力地支持和推动着 RFID 技术的进步。在我国政府、行业组织和各大企业的共同努力下，RFID 大范围地布置了应用试点，开拓了各领域的市场。从时间轴上划分，我国 RFID 产业大致经过了 4 个时期：2006 年前的培育期、2006—2010 年的初创期、2011—2015 年的高速成长期、2015 年至今的成熟期。现阶段，我国在 RFID 技术上的主要任务是创新关键技术，研发中国 RFID 标准体系，拓展 RFID 应用领域。截至目前，我国 RFID 市场份额在金融支付中占 21%，在身份识别、交通管理和军事安全等领域占 10%以上。虽然近几年其发展受到疫情的影响，但是 RFID 总体发展势头是向上的。

　　早在 2003 年 4 月 16 日，我国就颁布了 GB 18937—2003《全国产品与服务统一代码编制规则》，但是该标准在颁布后并没有施行。2004 年年底，由中国电子技术标准研究所、实华开、上海复旦微电子等几十家行业组织和企业组成的标准制定小组终止了工作，2005 年 10 月 17 日，国家标准委员会宣布将其取消。2005 年 11 月，我国射频标签标准工作组成立，组建了 7 个专项小组，制定内容包括总体基础标准、通信与接口标准、标

签与读写器标准、数据结构标准、信息安全标准、应用标准和知识产权
标准，这也说明了我国政府在积极支持 RFID 标准的制定和体系的建立。
2015 年和 2017 年，TRAIS 体系中的 2 项安全协议技术分别获批成为国际
标准。2020 年，由 WAPI 产业联盟组织、西电捷通公司、无线网络安全
技术国家工程实验室等十余家行业组织和企业共同提出的《信息技术　安
全服务密码套件一致性测试方法　第 16 部分：用于空中接口通信的密码
套件 ECDSA-ECDH 安全服务》在 ISO/IEC 投票中通过，成为 RFID 安全
领域国际标准。以上事件都说明中国正在 RFID 标准建设上不断努力。

本章小结

本章对国际 RFID 标准体系、EPC 标准体系和 UID 标准体系进行了简
单介绍，对我国 RFID 标准的发展状况进行了分析。

习题

1．分析 EPC 系统的组成及其功能。

2．分析我国 RFID 标准的发展现状及其存在的问题。

第5章
RFID 技术的典型应用

本章目标

◎ 了解 RFID 技术在身份标识、防伪、物流、票务、交通等方面的应用

◎ 能将 RFID 技术应用到工作和生活领域中

RFID 技术日益渗透到人们生活的方方面面，为人们带来了更方便、快捷、安全的生活方式。截至 2007 年，过去 60 年的射频标签销售量达到了 37.52 亿张。2017—2019 年，全球射频标签销售量逐年增长，复合年均增长率为 10%。2020 年，全球超高频射频标签的销售量超过 70 亿张。这些数据证明射频标签的销售量呈现出非常强劲的增长势头，全球 RFID 市场规模有着稳定的扩大趋势。RFID 产品的主要功能是进行物品、人员等对象的识别，目前 RFID 技术已经广泛应用于身份标识、防伪、物流、票务、交通等方面。

5.1 RFID 技术在身份标识方面的应用

5.1.1 第二代居民身份证

居民身份证作为国家法定证件和居民身份证号码的法定载体，已在社会管理和社会生活中得到广泛的应用。我国从 1984 年开始实行居民身份证制度，截至 2003 年，已累计制发第一代居民身份证 11.4 亿张；2004 年，第二代居民身份证开始换发，截至本书出版日，我国人口已超 14 亿。面对如此庞大的人口数量，如何合理有效地管理好居民身份证，并充分发挥其作用，一直是我国长期面临的问题。改革开放以来，我国经济得到迅速发展，由于城市、农村人口流动频繁，而第一代居民身份证缺少机器识读功能，并且防伪性能相对较差，因此许多相关部门无法对居民身份证进行有效验证和登记，这使得公安机关不能全面地掌握人口的重要信息，人口管理工作存在很大的困难。

利用 RFID 技术将射频芯片嵌入居民身份证以进行人员身份识别已开始在我国广泛应用，这也是目前 RFID 技术应用最为广泛和成熟的领域。目前，国内应用的第二代居民身份证就是典型代表，如图 5-1 所示。

图 5-1　第二代居民身份证

　　第二代居民身份证采用 RFID 技术制作，是内部嵌入射频芯片且芯片符合 ISO/IEC 14443 标准的射频标签，工作频段为 13.56MHz。第二代居民身份证与人们日常生活中常用的 IC 电话卡、SIM 卡、电卡等有所不同，其为非接触式 IC 卡，即无须把卡片插入读卡器具（读写器），只需要在读写器上方轻轻一扫就可读取数据，这种方式可以减少卡片的磨损，加快读卡速度；在核实信息时，不需要再将身份证号码逐一输入，可以直接通过读写器连接到认证数据库，同时对比第二代身份证上印刷的数据，起到鉴别真伪的作用。换发基于 RFID 技术的第二代身份证，对提高我国人口管理工作现代化水平，推动我国信息化建设，保障公民合法权益，便利公民进行社会活动，构建社会主义和谐社会，都具有十分重要的意义。

5.1.2　电子护照

　　电子护照是一种以生物特征识别技术为核心的电子证件。它在现有的纸质护照中嵌入射频芯片，其中不但存储了姓名、生日、签名等基本信息，还存储了数字照片、指纹、虹膜等个人生物特征信息。可以借助专门的设备对电子护照持有者进行快速而准确的身份识别，这样就克服了纸质护照仅通过照片识别出现的问题，即因印刷防伪技术的局限性，无法鉴别经涂改或更换照片后的护照，从而出现大量的伪造护照，造成国家相关部门的管理工作困难。电子护照的应用不仅可以将伪造护照的可能性降到最低，防止恐怖分子蒙混过关，还可以加快通关速度。

　　自世界上第一本电子护照亮相以来，世界各国相继启动了电子护照计划，加大了对电子护照的研究和实验工作。美国为了更好地促进与其他盟友国的关系，在 1986 年就实施了免签证计划，与 20 多个免签证国家达成协议：凡是这些允许相互入境的国家的公民，原则上可免于签证。2007

年，美国国务院推出了新一代电子护照，这种新型的电子护照是在原有护照的基础上增加了一个小型的射频芯片，该芯片中安全地保存着与护照照片页所示的同样的数据，包含数字照片，可用于个人生物特征信息比对，以保证护照持有人确实是政府的护照签发对象。该电子护照是专为增强边境的安全防护及方便美国公民全球旅行而设计的。经授权的护照检查处可以通过扫描电子护照来加快人员身份识别过程，提高安全性。欧洲的许多国家及澳大利亚、日本等也纷纷启动了电子护照计划，日本于 2006 年 3 月底开始发放第一批电子护照，其内置射频芯片，符合 ISO/IEC 14443 标准。2016 年，国内外护照信息系统实现互联互通，办理护照的周期大幅度缩短。2020 年，海外中国公民实现了护照"全球通办"。

我国关于电子护照的研制工作是于 2004 年年底正式开始的，该工作采取了国家立项的方式，由当时的公安部出入境管理局和公安部第一研究所共同承担，计划用两年时间完成电子护照发放前的技术准备工作。2005 年 1 月 13 日，中国和日本、菲律宾的电子护照认证试验平台分别在杭州萧山机场、日本成田机场、菲律宾马尼拉机场同时开通，并成功地进行了电子护照样本的制作发行，以及从杭州到东京、从东京到马尼拉的出入境认证和跨国数字签名验证等一系列模拟试验。香港目前已拥有世界上较先进的身份证识别系统，身份证内的芯片包含拇指指纹及数码照片信息。香港入境事务处负责人称，2006 年前该项技术已引入电子护照应用系统。在澳门，从 2004 年 9 月开始，有关部门就已经进行了电子护照数据资料的收集工作，到 2009 年，已正式全面推行电子护照。受到疫情影响，外交部部署中国驻外使领馆于 2020 年紧急实施了"不见面"办理护照政策，海外中国公民实现了"足不出户"办理护照；2021 年，进一步推出了"中国领事"手机 App 办理护照服务，全面实现了海外护照办理"掌上办""零跑腿""全天候"。

电子护照的出现和推广并非一帆风顺，反对者的呼声此起彼伏，他们的呼声主要针对电子护照的安全、不过关的防伪技术、电子护照查验相关的配套设备没有迅速到位等问题。同时，由于电子护照存在成本限制，因此访问控制中所采用的密钥是可以通过机器运算得到的，这也给电子护照带来了潜在的风险。

5.2 RFID 技术在防伪方面的应用

5.2.1 烟类产品的防伪

目前假冒伪劣烟类产品充斥市场，造假者通过烟类产品的流通或销售渠道将假冒伪劣烟类产品（以下简称假烟）投入市场，造成了较坏的影响。假烟会对人体造成很大的危害：①假烟中的有害物质含量严重超标，可能诱发各种癌症和心、肺、脑血管等方面的疾病；②假烟的原材料和辅料十分粗劣，常以次充好，存在着大量有害、有毒物质；③假烟在生产过程中常采取分散、隐蔽的手段，容易受到交叉污染，毒副作用很大。假烟的存在，不仅会对消费者产生危害，而且会对正规烟类产品生产厂家的形象和利益产生危害。由于利益的驱使，假烟屡禁不止。在使用法律手段打击制假、贩假行为的基础上，还需要完善技术手段来加以配合。鉴于以上种种现实情况，必须对烟类产品从生产、流通、销售及消费各个环节进行监控，从根本上解决假烟问题。

基于 RFID 技术，可以设计出一套完整的烟类产品的防伪方案。在生产、流通、销售环节中，对烟类产品进行追踪并存储追踪信息，在流通、销售及消费环节中，通过无线或有线通信网络对烟类产品进行实时在线认证，及时发现非法烟类产品，从而有效地打击假冒伪劣行为，保障正规烟类产品生产厂家和消费者的利益。同时，使用 RFID 技术对烟类产品进行全程跟踪管理，还有利于烟类产品生产厂家、物流商和销售商及时统计信息和补充货源，提高管理效率。基于 RFID 技术的烟类产品防伪系统示意图如图 5-2 所示。

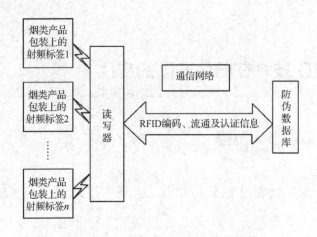

图 5-2　基于 RFID 技术的烟类产品防伪系统示意图

从图 5-2 可以看出，基于 RFID 技术的烟类产品防伪系统由 4 个部分组成，分别是烟类产品包装上的射频标签、读写器、通信网络（无线或有线通信网络）及防伪数据库。该防伪系统在每条烟和每箱烟的包装上都装有唯一代表其身份的射频标签，在生产、流通、销售和消费环节中，烟类产品包装上的射频标签所携带的信息将被安装在各环节的读写器捕获，通过实时在线认证确定其身份。对于假烟，因包装上没有射频标签或包装上的射频标签非法，而不能被防伪系统识别，其身份就会暴露。一方面，这种防伪系统可保护消费者的利益，维护烟类市场的正常秩序及正规烟类产品生产厂家的形象和利益；另一方面，这种防伪系统可有效地为各个环节提供统计信息，提高市场预测能力和管理能力，节省人力和物力。

综上所述，RFID 技术在生产环节，为烟类产品提供了"出生证明"，可以在后续各环节中实现高效的实时追踪；在流通环节，为烟类产品提供了"轨迹证明"，利用现代化技术实现后续各环节的实时监控，节省人力和物力资源；在销售及消费环节，为烟类产品提供了"销售证明"，消费者可以根据烟类产品的射频标签验证其真伪，保障自身的合法权益。

5.2.2　酒类产品的防伪

酒类产品是人们日常消费的重要产品，它的质量关系到消费者的身体健康。目前我国酒类产品的生产自动化水平不高，而且假冒伪劣的酒类产品充斥市场，给正规的酒类产品带来很大的冲击。自"1998 年山西假酒案"曝光以来，酒类产品的假冒伪劣现象日益引起社会各界的关注。目前，由于我国消费者没有处理废弃酒瓶的习惯，因此有很多不法分子会通过"旧瓶装新酒"这一简单方式实现其非法目的；也有不法分子通过伪造激光防伪标识、防伪贴纸等方式进行造假，并且逐渐由"单干"向"团伙"造假方向发展。

目前酒类产品中的防伪技术主要有两大类，即信息防伪技术和破坏性防伪技术。信息防伪技术是在酒类产品上粘贴激光标签或在酒类产品包装上附一个代码，消费者通过电话、短信等方式查询以辨别其真伪。这一类防伪包装的生产具备一定的科技水平，但是也存在两个比较严重的缺点。第一个缺点是酒类产品的包装可以被回收利用，其外观特征与原包装没有什么差异，这使得不法分子很容易实现其非法目的；第二个缺点是如果要对酒类产品进行真伪辨别，那么必须要求消费者通过拨打电话或发送短信等方式来进行查询，并不方便。

　　破坏性防伪技术最大的优点是其包装不可重复使用。例如，对于酒类产品的"毁盖"，瓶盖被破坏后不再具备密封包装功能。因为瓶盖多采用塑料、铝合金等易被破坏的材料制造，所以"毁盖"相对来说比较容易实现。破坏性防伪技术的难点在于如何安全"毁瓶"。酒瓶一般采用硬度较高的玻璃或陶瓷等材料制造，即使在开瓶时采用一些措施破坏酒瓶，其断口也会异常锋利，给消费者带来不便。

　　RFID 技术应用于酒类产品防伪的具体实现方式如下。

　　1）射频识别瓶盖防伪

　　射频识别瓶盖由识别器（读码）、防伪瓶盖两部分组成。用户只需要使用专用的识别器，在防伪瓶盖外扫描一下即可读出其存储的身份信息，以达到酒类产品防伪的目的。

　　由于多数消费者在购买酒类产品时没有使用特制仪器进行检验的习惯，因此射频识别瓶盖的推广还有待酒类产品生产商进一步努力，在宣传方面使消费者了解其基本原理，同时还要提高消费者的防伪意识，并降低防伪成本。在销售领域，这种技术前景广阔，可以帮助正规经营的批发商、零售商鉴别酒类产品的真伪，做好酒类产品的保真工作，避免假冒伪劣酒类产品进入市场。某品牌酒类产品的射频识别瓶盖防伪如图 5-3 所示。

　　2）切割带条类 RFID 系统防伪

　　中科院自动化研究所 RFID 研究中心提供了一种酒类产品防伪解决方案，即切割带条类 RFID 防伪系统，其示意图如图 5-4 所示。该系统还可以应用于其他带有瓶盖的容器的防伪。

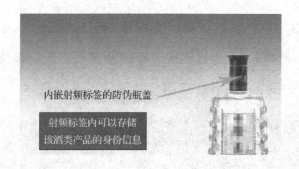

内嵌射频标签的防伪瓶盖

射频标签内可以存储
该酒类产品的身份信息

图 5-3　某品牌酒类产品的射频识别瓶盖防伪

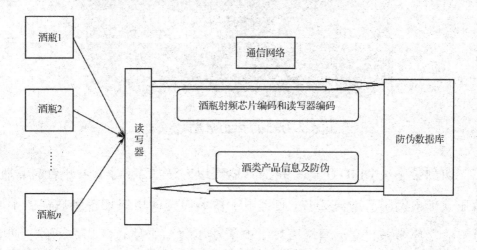

酒瓶1

酒瓶2

酒瓶n

读写器

通信网络

酒瓶射频芯片编码和读写器编码

酒类产品信息及防伪

防伪数据库

图 5-4　切割带条类 RFID 防伪系统示意图

切割带条类 RFID 防伪系统由经过特殊设计的酒瓶（包含瓶盖和瓶体）、读写器、通信网络和防伪数据库组成。酒瓶中的射频芯片具有唯一编码，读写器也具有唯一编码，并且都在防伪数据库中注册。读写器唯一编码与注册使用者（零售商或饭店）绑定，只有已经注册的读写器才可以对酒瓶中的射频芯片进行编码信息查询。

该系统的实现难度并不大，酒类产品生产商在生产线上对瓶盖和瓶体加装 RFID 相关设备，并建立防伪数据库即可。在生产酒类产品时，利用集成技术在瓶盖和瓶体上附加专用的射频芯片和天线，并将对应的编码注册到防伪数据库的产品信息中，同时向该酒类产品的零售商或饭店提供成本较低的读写器，并要求其在防伪数据库中进行注册。对于酒类产品生产商来讲，这样不但可以对酒类产品进行防伪认证，还可以随时对销售情况进行统计。U-CHIP RFID 酒瓶防伪包装如图 5-5 所示。

图 5-5　U-CHIP RFID 酒瓶防伪包装

切割带条类 RFID 防伪系统的具体使用方法如下：对于未开启的酒瓶，瓶盖顶部内侧附有射频芯片，通过附于瓶盖内壁的引线连接到瓶盖上不同位置的金属带条，位于酒瓶瓶体上的天线本体与金属带条构成通路，切割装置的位置处于射频芯片和天线之间的金属带条上。随着瓶盖的开启，切割装置的尖锐面随瓶盖旋转，可以切断二者之间的联系，读写器读取射频芯片的编码，与读写器唯一编码一起通过无线传输发送到防伪数据库中进行比对。如果两个编码均经过注册，则通过验证，并由读写器发回确认信息。酒瓶一旦开启，天线和射频芯片的联系将被永久切断，射频芯片由于无法获得足够电压而不能再继续工作。

使用这种方法进行酒类产品的防伪，从硬件上来说，通过大规模生产的射频芯片和天线等装置实现起来并不困难，而不法分子若想实现同样的效果，则会有一定的困难。射频芯片和读写器的编码都是在总体协调下统一注册的，不会给不法分子可乘之机，酒类产品生产商对这种双重认证机制进行严格管理和控制,可以提高系统的可靠性。在酒瓶开启后,无论瓶体还是瓶盖,其通路的损坏都是不可逆转的,杜绝了"旧瓶装假酒"的可能。在两种编码比对和不可逆转的损坏的双重保障下,这种防伪手段的可靠性完全能够满足酒类产品防伪的要求。

RFID 技术应用于酒类产品的防伪可能存在以下的问题:①RFID 应用与酒类产品档次的关系问题;②成本问题;③酒类产品应用 RFID 标准的统一问题。这些问题都亟待进一步的研究处理。

在国外,RFID 技术已经大量应用于酒类产品的生产,大大提高了酒类产品的生产效率。在我国,五粮液、茅台等作为国内酒类产品的代表,由于一直是不法分子进行伪造的"重点户",因此这些品牌都投入了相当多的资金和力量进行品牌保护研究。例如,2009 年,五粮液启动 RFID 技术防伪项目,旨在构建一个完整的 RFID 解决平台。同时国内的一些葡萄酒生产商也在大力推广 RFID 技术在酒类产品中的应用,旨在保护品牌。总体来说,目前我国酒类产品相关企业的防伪管理力度还是比较小的,在今后的发展中,我国可以借鉴国外的成功经验,结合本国特点,走出一条具有中国特色的酒类产品防伪道路。

5.3　RFID 技术在物流方面的应用

5.3.1　RFID 技术在仓储管理中的应用

随着基于大数据的物联网时代的到来,物流市场的竞争日益激烈。对于各物流公司来说,提高生产效率和降低运营成本至关重要。在进行仓储管理时,应当设计及建立完整的仓储管理流程,提高仓储周转效率,减少运营资金的占用，这些是提高生产效率的重要途径。例如，深圳某物流公司引进基于 RFID 技术的物流仓储管理，需要完成搭建采集网络，建立数据管理功能，还需要完成信息数据的自动采集与传递。利用 RFID 技术，在每个货架和托盘上粘贴射频标签。货架上的射频标签可以识别站号和位置，同时用来记录货架上目前存放的货物数量和种类。托盘上的射频标签可以记录每一次装货的数量和种类，并随时送到数据中心进行数据交换，便于记录和验证。RFID 技术在仓储管理中的具体应用过程如下。

1）入库

在接收到客户到货的电子订单后，电脑系统先将其自动转换为可识别的电子数据并录入数据库，再进行货物摆放和分配预处理，等待本地数据反馈后予以确认。

当货物到仓，贴有射频标签的货物经过装有读写器的大门时，数据全部被自动采集，并传回电脑系统，与之前的电子数据进行比对。若数据与之前的电子数据相符，则货物会按预先分配好的位置摆放，同时刷新货架上的数据，货架上的射频标签数据同时反馈回电脑系统，正式录入货物信息；若数据与之前的电子数据不符，则自动进行提示，使管理人员及时和客户沟通，以决定如何接收货物，若可以接收货物，则按实际数据上架，同时刷新货架上的数据。

2）出库

在接收到客户发货的电子订单后，操作人员手持读写器，去货架上分拣货物，同时刷新货架上的数据；再把分拣的货物放在托盘上，同时对托盘上的射频标签进行数据记录。当货物分拣出库，经过装有读写器的大门时，托盘上的射频标签数据被自动采集，并传回数据中心与任务单进行比对，确认后放行，同时向客户发出送货电子订单，收到客户确认后，此批货物正式从电脑系统中出库。

3）库存盘点

由于大型仓库的库存盘点的工作量大，且对准确性要求较高，因此人工盘点费时又费力，效果不好。采用 RFID 技术进行库存盘点可自动读取货物信息，不但可以节省人力，提高盘点准确率，而且 RFID 技术具有可同时进行多数据读取的特性，能够节省时间，提高效率。

4）基本信息管理

对货物的基本信息进行管理，如添加、编辑、删除、查询仓库中货物的基本信息。

5）系统信息管理

主要完成对系统运行参数的校正和维护等。

6）数据统计分析

系统可以将安装时间、数量等因素形成统计报表，确定周转周期和效率，加快货物的出入库速度。

RFID 仓储管理系统功能示意图如图 5-6 所示。RFID 技术在仓储管理中的应用具有以下优点：采用 RFID 技术进行仓储管理操作简单且可靠性高，出入库记录较为完整，能实时反映库存状态；由于 RFID 仓储管理系统中的每一步操作都必须得到验证，因此准确率接近 100%；RFID 仓储管理系统能优化库存结构，合理配置存储空间，减少重复劳动，降低运输及仓储成本。

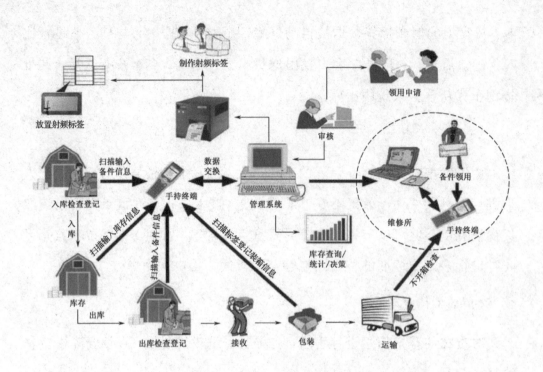

图 5-6　RFID 仓储管理系统功能示意图

5.3.2　RFID 技术在运输管理中的应用

在整个物流供应链中，运输管理也非常重要。要使物流供应链上的所有成员都能实时地获取每个环节的信息，信息的准确性和实时性是运输管理中的关键，RFID 技术能满足对信息实时获取和处理的需求。

例如，在海关和港口码头中，往来的车辆众多，且可能属于不同行业的不同单位，若不采取统一的措施，则很难对它们进行调度管理，给通关及货物的运输带来很大的困难。采用 RFID 技术来实现的电子车牌管理系统能有效地解决这一问题。海关和港口码头的电子车牌管理系统通过对往来的车辆进行统一管理登记，发放车载射频标签，并在关键的出入监控点安装读写器。安装了电子车牌的车辆在通过监控通道时，可以被识别系统准确和及时地识别，以完成车辆数据采集的要求。电子车牌管理系统同时采用无线通信等信息技术将采集到的车辆信息提交至系统，以完成车辆身份的确认、查询和统计、调度等功能。海关和港口码头通过应用电子车牌管理系统，可以有效地提高车辆通行能力，实时监测并统计车辆信息，防止误检、漏检，提高通关效率，同时可以减少偷窃、走私等行为的发生。

在车辆调度方面，车辆调度管理系统采用先进的无线通信等信息技术，收集道路交通的动态、静态信息，并进行实时的分析，根据分析结果安排车辆的行驶路线、出行时间，以达到充分利用有限的运输资源，提高车辆的使用效率的目的，同时也可以了解车辆运行情况，加强对车辆的管理。RFID 技术可以作为采集信息的有效手段，在车辆调度管理系统中得以应用。例如，将 RFID 技术应用于货场车辆调度管理系统，可以实现货车进、出场时信息的自动、准确、远距离、不停车采集，使系统准确地掌握货车进、出场的实时动态信息。

在车辆称重方面，可将原有的称重系统与 RFID 远距离自动识别技术相结合，建立新型称重系统，即智能称重管理系统。该系统可以提高称重效率，减少车辆在待检处的停留时间，同时通过车牌自动识别和精确计量，可有效防止由人为谎报带来的经济损失。此外，该系统还能大大降低工作人员的劳动强度和人工称重的失误率。智能称重管理系统可以灵活地应用于物流运输中的非成箱包装物资，如煤炭类的固态物资、石油类的液态物资等。在高速路口，可应用 RFID 技术进行自动称重以发现超载问题，在码头等物资集散地可以加快车辆计重速度、减少拥堵等。综上所述，RFID 技术在运输管理中具有巨大的应用价值。

RFID 技术在国外发展较快，应运而生的物流相关产品也很多。例如，DHL 的物流中心用射频标签取代了普通条形码；UPS 将 RFID 技术应用于包裹的分拣和准确位置的确定；戴尔在电脑装配过程中随时把新的信息写入射频标签，使顾客在购买时可以了解所订购产品的生产流程；联合利华和雀巢等企业采用了类似的方法，进行物流跟踪与质量控制；一些大型的全球性海运公司（如新加坡港务局）也已经在一些货物往来较多的国际港口安装了读写器，并通过物联网获取货物的抵达和中转信息，实现了物流信息的可视化，取得了很好的经济效益。

我国 RFID 技术在物流方面的研究起步相对较晚，形成的系统数量较少。但随着 RFID 技术的发展和进步，RFID 技术在我国物流方面的应用逐步落地。例如，宝供物流企业集团有限公司将 RFID 技术应用在仓储管理上，提高了货物出、入库的效率和精度；百联集团下属的现代物流公司也引入了 RFID 技术，并且取得了不错的效果；中远物流与 Intermec 签署协议，将 RFID 技术应用于其指定的物流中心的所有作业环节，以提高仓储管理的效率和经济效益，获得了显著的成果。当然，RFID 技术在我国的发展还不是很充分，目前 RFID 在我国物流公司的应用都是在封闭环境下的，其在开放环境下的应用几乎还是空白，还有很大的发展空间。

RFID 技术在物流方面的应用和推广可以加快货物流通速度、减少人力资源的占用、节约成本、产生巨大的经济效益和社会效益。由于全球的物流业发展需要在全球范围内进行协调行动，只有每个国家都顾及其他国家和全球的共同利益，RFID 技术在全球范围内的应用才能得到健康的发展，因此 RFID 技术在物流方面的进一步发展离不开全球各国的共同努力。

5.4　RFID 技术在票务方面的应用

5.4.1　电子门票系统

电子门票是一种将射频芯片嵌入门票等介质，用于快捷检票/验票并能实现对持票人进行实时精准定位和跟踪及查询管理的门票。其核心是利用 RFID 技术，将具有一定存储容量的射频芯片和特制的天线连接在一起构成射频标签，然后将射频标签封装在特定的电子门票 IC 卡中，即构成电子门票。与传统门票相比，电子门票具有以下优势：存储容量大；读写距离远；读写时不易受光线、温度、湿度和声音等因素的影响；验证方便、快速；允许同时读取多张电子门票；有数据锁定功能；可以查询门票使用次数；使用寿命长等。

电子门票系统的工作原理是用读写器发出的射频能量向电子门票提供工作能量，电子门票凭此能量解调出存储器中存储的数据并发送到控制逻辑模块。控制逻辑模块接收指令并完成存储、发送数据或其他操作。读写器读取电子门票内的数据，通过传输通道（线缆、光缆等）发送到现场控制器。现场控制器负责解密、识别、判断电子门票内数据的有效性和安全性并将电子门票的信息发送到数据交换/管理中心。数据交换/管理中心通过自动数据汇总、分析和判断，就可获得电子门票所处的具体位置，从而达到对持票人的定位和跟踪。电子门票系统主要由电子门票、读写器、现场控制器、集中控制器和数据交换/管理中心（配软件）等组成，电子门票系统示意图如图 5-7 所示。

电子门票系统从功能上可分为售票子系统、检票子系统、中央管理子系统、门票稽查子系统和辅助子系统。售票子系统主要完成售票、退票和修改门票信息等操作；检票子系统用于验证门票合法性，常用验证方法有指纹识别和人脸识别；中央管理子系统用于统计报表，管理整个系统；门票稽查子系统用于对人员进入场地后的查票，由巡检人员完成；辅助子系统主要包括 UPS 电源和摄像监控等。

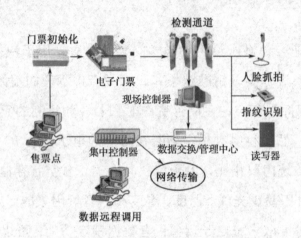

图 5-7   电子门票系统示意图

电子门票作为数据载体，能起到识别、采集信息及进行人员定位和跟踪的作用。电子门票与读写器、现场控制器和应用软件等构成的 RFID 系统直接与相应的管理信息系统相连。每一位人员（包括观众、工作人员等）都可以被准确地跟踪。

5.4.2   金融电子票证系统

金融票证是金融活动的重要凭证。金融票证主要包含汇票、本票、支票等票证；委托收款凭证、汇款凭证、银行存单等银行结算凭证；信用证或附随的单据、文件和信用卡等。金融电子票证是一种将射频芯片嵌入上述金融票证，以实现票务防伪功能的票证。

金融电子票证系统的工作原理：由各节点银行发行票证，在发行时，从票证射频标签中读取唯一 ID 号,并将此 ID 号和金融信息一起经过加密算法加密成转换信息写入射频标签,同时将此射频标签的 ID 号在认证中心服务器上进行注册。电子票证在流通过程中,可以在任意节点银行或公司的读写器上进行认证。在认证时,读写器读取射频标签中的 ID 号,并通过无线网络通信或有线网络通信实时访问认证中心,对电子票证的 ID 号进行认证。认证中心在接收到认证请求后,判断该 ID 号是否已经在认证中心服务器上注册,若没有注册,则返回未注册信息,即表明该票证为非法票证;若已经注册,则找到对应的发行银行,由发行银行解密,并判断 ID 号是否一致,经过认证中心返回需要的信息,认定该票证为合法票证。金融电子票证系统示意图如图 5-8 所示。

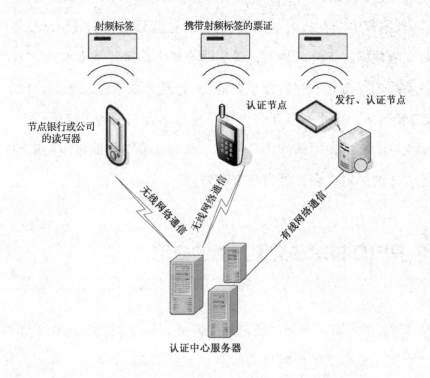

图 5-8　金融电子票证系统示意图

金融电子票证系统主要包含票证发行子系统、票证检验子系统和认证中心。票证发行子系统将电子票证中射频标签内的 ID 号与办理电子票证方的金融信息通过加密算法转换成加密信息写入射频标签，并将此信息在认证中心服务器上进行注册；票证检验子系统的功能是当持票人在各节点银行办理业务时，实时验证票证的合法性；认证中心的功能是统计数据及管理整个金融电子票证系统。

我国将 RFID 技术引入票务领域相对国外较晚，但是目前也在各种各样的展览、演出、金融、铁路和景区票务系统中进行大面积的推广。基于 RFID 技术的票务系统可以提高检票/验票效率、完成人员的快速通过/审核，并且具有数据统计功能，能完整记录进出人数和频次，分析人员的构成和分布。但是我国的电子票务发展还不够成熟，由于电子票务系统的构成特点，数据库中会存放大量的财务数据，这些数据会引发网络安全问题，需要对金融数据进行复杂加密，避免财产损失。虽然基于 RFID 技术的电子票务系统还存在一系列问题需要解决，但是其优点决定了其广泛的应用前景。2008 年，在北京召开的奥林匹克运动会就使用了电子门票，这也预示了 RFID 技术在中国的广泛应用。随着社会的不断进步，RFID 技术在票务方面的应用也会发展得越来越好。

5.5　RFID 技术在交通方面的应用

从 1988 年我国大陆第一条高速公路正式通车到现在，我国在高速公路的建设方面取得了举世瞩目的成就。截至 2022 年年底，我国公路总里程约为 535 万千米，其中高速公路总里程约为 17.7 万千米。2020 年，我国完成在全国建立起由中心城市向外放射，以及横贯东西、纵贯南北的大通道，该通道由 7 条首都放射线、9 条南北纵向线和 18 条东西横向线组成，总规模达 8.5 万千米。根据公路交通事业的长远发展需要，交通运输部提出了 8.1 万千米国家重点公路建设规划，并与国道主干线共同构成国家骨架公路网。

然而，建设高速公路需要投入大量的资金，一般平原、微丘区的高速公路平均每千米造价为 3000 万元左右，山区的高速公路平均每千米造价为 4000 万元左右。在目前的多元化、多渠道高速公路建设体系中，需要有先进的智能交通系统对我国的交通情况进行整体的合理规划和管理。RFID 技术在交通方面的应用如下。

5.5.1　ETC 系统

ETC 系统是智能交通系统中的一个重要领域和应用环节。ETC 系统通过安装在车辆挡风玻璃上的车载射频标签与收费站 ETC 车道上的微波天线之间的微波专用短程通信，利用网络通信技术与银行系统进行后台结算处理，从而达到车辆通过路桥收费站不需要停车便能完成路桥通行费缴纳的目的。ETC 系统的应用可以提高公路的通行能力、车辆运行效率，同时可以降低车辆油耗和损耗，减少排气排放物，起到节约能源和保护环境的作用。

过去的人工高速收费站存在以下弊端：收费设施和技术落后，容易造成道路拥堵；各路段收费方式和标准不统一；财务管理混乱，票款流失严重；停车排队浪费燃油，加重环境污染。所以，有必要引入新的高速收费方式。

目前，我国已经大量普及 ETC 窗口，可以实现车辆快速通过收费站，并减少人工服务。ETC 系统是一种利用 RFID 技术并综合网络通信技术用于解决当前交通收费效率低下的问题而发展起来的系统，特别适用于高速公路或交通繁忙的桥隧。应用 ETC 系统不仅可以允许车辆高速通过，减少车辆在收费站因缴费、找钱等动作而引起的排队等候；还可以使公路收费走向电子化，降低收费管理的成本，有利于提高车辆的营运效益；同时也可以大幅度降低收费站的噪声水平，减少排气排放物；并且可以减少收费员贪污路费的现象，降低国家损失。

ETC 系统的工作原理示意图如图 5-9 所示。当车辆通过 ETC 收费站时，地感线圈检测到车辆进入 ETC 车道，触发安装在 ETC 天线架上的读写器，读写器开始与安装在汽车挡风玻璃上的车载系统进行双向通信和信息交换，将数据传送给 ETC 收费站 PC，ETC 收费站 PC 根据不同情况来控制管理系统产生不同的动作，如从该汽车的预付款账户中扣除此次应缴金额，并发出指令使其他辅助设施工作，交易成功后，挡车器自动升起，放行车辆；车辆通过后，挡车器自动放下。整个收费过程不需要进行人工干预，用户可以不停车，快速通过 ETC 收费站。

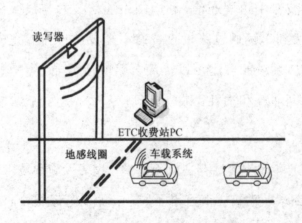

图 5-9　ETC 系统的工作原理示意图

ETC 系统按功能可分为控制子系统、自动判断车型子系统、数据采集子系统、车辆检测子系统、闭路电视子系统和信号控制子系统等。控制子系统主要由挡车器控制机、ETC 收费站 PC 等组成，它是整个 ETC 系统的核心，负责控制。ETC 车道所有设备的运行、收费业务操作的管理，以及 ETC 收费站 PC 的通信和数据交换。自动判断车型子系统主要由光栅、高度检测器和轴数检测器等组成，它通过采集车辆的高度和轴数等信息，经综合分析比较来判别车型。数据采集子系统主要由读写器（也称为路侧设备，RSU）和射频标签（也称为车载单元，OBU）组成。射频标签被安装在汽车挡风玻璃内侧的上方，射频标签上包含射频标签编号、车号、车主、车型、应缴金额、剩余金额和有效期等信息。车辆检测子系统用于统计车流量，控制挡车器、通行信号灯和偏叉信号灯的工作状态。闭路电视子系统主要由车道摄像机和收费站的监视器等组成。车道摄像机被安装在 ETC 车道的前端，主要用于拍摄非法通过的违章车辆。信号控制子系统主要由通行信号灯、偏叉信号灯和挡车器等组成，用于提醒驾驶员正确地使用 ETC 车道。

在国际上，美国、欧洲、日本等国家和地区很早就针对 ETC 系统中的研发技术、工程实施和标准规范进行了深入研究，并向 ISO 提交了有关 ETC 标准的草案，欧洲地区和日本提出的标准较为成熟，获得了较广泛的支持。从 1988 年美国林肯隧道首开 ETC 系统到现在，大量的 ETC 车道已在美国国内的高速公路上开通。ETC 系统已经成为美国回收公路投资的有效手段；日本聚焦 ETC 创新应用，强化精细精准运行控制，日本国内 ETC 普及率达 93%；欧洲各国注重主动管控建设，打造全连接的 ETC 交通走廊。

我国最早的 ETC 系统应用始于 1996 年，广东路路通有限公司引进了美国 TI 公司的 ETC 设备，开发了 ETC 系统软件，并在佛山、南海、顺德等地的收费公路上建立了 ETC 车道并投入运营，发行了一万多张射频标签。1998 年，北京首都机场高速公路采用美国 MTECH 公司的 ETC 产品，开通了两条 ETC 车道，发行了五百多张射频标签。2001 年，广东省采用组合式 ETC 技术，在广韶公路、虎门大桥完成 ETC 示范工程，使组合式 ETC 技术进入了真正的可操作阶段。2003 年，长沙机场高速公路开通了当时最先进的路桥 ETC 系统。2004 年，成都机场高速公路启用 ETC 系统。2005 年，北京机场高速公路收费站"升级版"的 ETC 系统投入运行，该系统增加了违章稽查等功能。2006 年，八达岭高速公路与京津塘高速公路的 15 个收费站试行 ETC 系统。2007 年，厦门高速公路运行 ETC 系统。2018 年，我国提出在北京、浙江、广东等 9 个省市开展新一代国家交通控制网和智慧公路试点示范。2020 年，我国进一步提出打造融合高效的智慧交通基础设施，加快建设智慧公路。

5.5.2　高速公路路径识别系统

目前，我国大部分省市已经实施高速公路联网收费，在高速公路联网收费系统的建设中，会出现车辆行驶路径的识别问题。在联网收费环境下，尤其是在投资主体多元化的路网环境下，如何确定车辆行驶路径对车辆通行费的影响及车辆通行收入在不同单位间的分配是个问题。高速公路的交通流量非常大，其产生的车辆通行费金额巨大，而在多路径上产生的车辆通行费占相当大的比例。在路径识别带来收益的同时，也需要考虑实施路径识别技术建设费用的问题。成本低、精度高、收益好的识别技术才是道路经营公司所青睐的。

被广泛采用的最短路径法的收费和分配较为简单，但在路径相差较大的情况下，往往会出现较大的偏差。若各道路经营公司自行设立收费站，则不但投资巨大，还会影响高速公路的通行效率，也不符合国家的相关规定。若按投资比例进行分配，则不同道路的行车流量又不能完全相等，这种分配方式也有失公平。

基于 RFID 技术的高速公路路径识别系统是一种性价比较高的多义性

路径识别系统，成本低、精度高，有着较大的优势和发展空间。其工作原理是在高速公路某点设立路径标识发送设备，车辆在入口处领到射频标签，当车辆行驶至具有标识站的 ETC 标识车道时，安装于 ETC 标识车道的天线基站控制系统会自动唤醒射频标签，并实时向射频标签写入本标识站信息，达到路径识别的目的。

在高速公路路径识别系统中，常见的工作频率为 13.56MHz、433MHz、915MHz、2.45GHz 和 5.8GHz。若采用 RFID 技术解决路径识别问题，路旁设备要满足远距离高速射频标签的读写功能，则系统的工作频率应选择超高频及微波频段。

采用 RFID 技术的成本要比使用车牌识别系统低，并且动态识别的准确率更高。但也有一些技术问题需要解决：一般要求在高速行驶条件下达到高识别率；射频标签可能被车主放置在车内任意位置；数据要有一定的安全保障措施。这些技术问题都制约了高速公路路径识别系统的建设和发展。

总体来说，国内基于 RFID 技术的高速公路路径识别系统还处于发展阶段，已有公司开发出工作频率为 433MHz 的基于 RFID 技术的高速公路路径识别系统，同时也有不少省市已立项建设基于 RFID 技术的高速公路路径识别系统。

5.5.3　小区停车场管理系统

随着人们生活水平的提高，家庭轿车日益增多，车辆数量的增加无疑给小区停车场管理带来了许多困难和挑战。RFID 技术可应用于小区停车场管理，在停车场的出、入口各设置一套出、入口管理设备，使停车场形成一个相对封闭的场所，当出、入车辆的射频标签路过出、入口读写器时，系统能够瞬间完成检验、记录、核算、收费等工作。基于 RFID 技术的小区停车场管理系统以射频标签和计算机管理为核心，辅以图像捕捉技术及高性能的停车场管理设备，通过系统的智能化自动控制和值班人员的简单操作，便可完成整个停车场的出、入及收费等方面的综合业务。小区停车场管理采用"一车一卡"的基本管理模式，通过对射频标签的管理，可实现对小区停车场安全和高效的管理。基于 RFID 技术的小区停车场管理系统具有收费严格、安全可靠性高和防伪性强等诸多优点，已广泛应用于小区停车场。

我国交通行业正在不断发展，RFID 技术将进一步加快我国交通行业的发展步伐。目前 RFID 技术在交通方面的应用除了 ETC 系统、高速公路路径识别系统、小区停车场管理系统，还有机动车辆证件管理、交通流检测及违章取证、交通救援和特殊车辆监控等方面的应用。根据前瞻产业研究院发布的《中国智能交通行业市场前瞻与投资战略规划分析报告》，2010—2017 年，我国智能交通管理行业市场规模以 21%的复合增长率逐年增长，RFID 交通管控市场规模有望达到千亿元。广东、上海、北京等省市都运营了 ETC 系统，全国各地有数千个停车场实现了基于 RFID 技术的收费系统。RFID 技术的应用还有公交车站车辆进出站管理系统，以及杭州和北京推行的快速公交系统等。随着国家的大力推进和政策的支持，RFID 在交通领域的发展还会有更多上升空间。

5.6 RFID 技术的其他典型应用

5.6.1 RFID 技术在食品方面的应用

随着社会的不断进步，食品安全问题也越来越受到人们的关注。随着工业化的发展和市场范围的不断扩大,食品的加工和流通往往涉及位于不同地点、拥有不同资质的许多公司,消费者需要了解食品生产和销售的全过程是否能够保证食品或原材料的安全,这就需要一个完整的食品供应链安全保障体系来实现这样的需求。

在具体的 RFID 应用中,有两种方法来实现食品安全管理:一种方法是从前往后进行跟踪,即农田→加工商→供应商→零售商→消费者,这种方法主要用于数据采集,对产品从农田到消费者的各个环节进行跟踪;另一种方法是从后往前进行产品追溯,也就是消费者在销售或消费过程中发现食品安全问题后,从后往前进行层层追溯,最终确定问题所在。

RFID 作为一种新兴技术,在国外许多地方已经在食品方面得到了广泛应用。食品公司利用 RFID 技术和网络技术、数据库技术等,实现信息融合、查询、监控,在食品的每一个生产阶段及分销到每个消费者的整个过程中,实现对每件食品的安全性、来源和库存等信息进行合理决策。其实现过程如下:射频标签粘贴在食品或食品包装上,读写器和天线相连,传感器与读写器集成,其读取的数据通过网络传输到食品管理数据库中,通过供应链信息整合,提供食品信息服务,实时追溯食品生产、流通中的每一个环节。

5.6.2　RFID 技术在医疗方面的应用

医疗行业是一个不允许出错的行业。医疗药品作为治病救人的特殊商品,与患者的生命息息相关。在市场化逐步向医疗行业深入的过程中,经济利益正在主导企业和医疗单位的行为,医疗行业正处于改革的风口浪尖,而该行业对 RFID 技术的使用还比较有限,利用 RFID 技术实行有力和高效的管理刻不容缓。

在医疗方面，RFID 技术可以应用于对药品、患者，以及废弃的医疗废物进行跟踪和检测。在医院管理中，RFID 技术可以应用于患者的登记、标识和监护，医疗器械管理，患者接触史跟踪管理，标准化医疗记录，医疗废物处理等方面。在医药供应链中，RFID 技术可以应用于药品生产和流通、药品防伪等方面。在特殊医疗产品（如血液制品）的管理中，RFID 技术也大有用武之地。RFID 技术在医疗方面的应用示意图如图 5-10 所示。

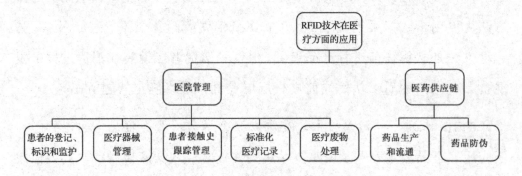

图 5-10　RFID 技术在医疗方面的应用示意图

接下来对 RFID 技术在医院管理方面的应用进行简单介绍。医院是患者接受医疗服务的地方，此处人员来源复杂，人员流动性高，医生每天承担着救死扶伤的任务，工作繁忙。为解决这些复杂的问题，RFID 技术为医院的高效管理提供了一系列方案。

1）RFID 技术应用于患者的登记、标识和监护

患者的登记：应用 RFID 技术进行患者的登记，就是将患者的姓名、年龄、血型、亲属姓名、紧急联系电话、过敏史、既往病史等详细信息都存储在一张射频标签中，患者在就诊时只需要在医院读卡器上刷一下射频标签，就可以对信息一目了然。

患者的标识和监护：使用经过利用 RFID 技术进行特殊设计的患者标识腕带，将患者的重要资料存储在腕带中，让患者每时每刻随身佩戴该产

品，就能够有效保证对患者进行快速而准确的标识和监护。

2）RFID 技术应用于医疗器械管理

在物流行业中，RFID 技术最直接的应用就是识别和追踪各种产品和设备。在医疗器械管理中，RFID 技术同样可以得到广泛的应用。使用基于 RFID 技术的自动追踪系统能够提高临床效率，减少人工错误。RFID 产品包括射频标签和读写器、产品识别系统和数据存储器，以及标准化的通信协议，这些都能在医疗器械管理中直接应用。

3）RFID 技术应用于患者接触史跟踪管理

患者接触史跟踪管理包括疫情跟踪和标准化医疗记录。RFID 技术可以应用于疫情跟踪，结合传染病疫情，通过 RFID 技术追踪管制系统，可以追踪患者的接触史，防疫单位可以及时且准确地掌握整个治理流程的信息，进而防止传染病的院内感染问题。

4）RFID 技术应用于标准化医疗记录

射频标签和读写器及共享数据库为标准化医疗记录提供了解决方案。从患者的射频标签、腕带等载体上记录的信息，到医务工作者手中的读写器，再到整个医院的数据库，整套系统可以迅速、可靠地记录并提供正确的医疗数据。

5）RFID 技术应用于医疗废物处理

医疗废物，是指医疗卫生机构在医疗、预防、保健和其他相关活动中产生的具有直接或间接感染性、毒性及其他危害性的废物。医疗废物的处理一直是医院管理中的难题。目前 RFID 技术应用于医疗废物处理还较少，相信随着 RFID 技术的不断发展，在此领域的应用会越来越多。

毋庸置疑，RFID 技术在医疗行业拥有广阔的应用前景，虽然目前尚存在一些问题，但 RFID 技术在该行业的发展和推广已经成为一种不可逆转的趋势。相信在 RFID 技术的推动下，医疗行业中的救死扶伤过程会更加准确和高效。

本章小结

本章主要介绍 RFID 技术在身份标识、防伪、物流、票务、交通等方面的应用。

习题

1. 分析 RFID 技术应用在身份标识方面中的系统组成及工作原理。

2. 介绍 RFID 技术在你熟知领域的一个应用案例。

参考文献

[1] 黄磊，黄彩兰，刘波. RFID 标签中多目标的激光快速识别[J]. 激光
     杂志，2022，43（08）：200-204.

[2] 高飞达，冯秋明. 商品防伪技术中 RFID 标签的安全性研究[J]. 中国
     自动识别技术，2022（04）：66-68.

[3] 康玲玲，丁立业，姜祁峰. RFID 读写器灵敏度测试方法研究[J]. 中
     国集成电路，2022，31（07）：80-82.

[4] 王蕊. 图书馆射频识别数据模型标准化研究[J]. 品牌与标准化，
     2022（02）：16-18.

[5] 程新博，孙伟奇，刘臣宇，等. RFID 技术在仓储管理中的应用研究
     综述[J]. 环境技术，2021，39（05）：206-209.

[6] 李琳，俞晓磊，王瑜，等. 标准化与射频识别技术科技创新互动发
     展[C]//中国标准化协会. 第十八届中国标准化论坛论文集. 北京：
     《中国学术期刊（光盘版）》电子杂志社有限公司，2021：1800-1806.

[7] 吴晗，刘海冰，蔡莹. 超高频 RFID 系统的性能优化[J]. 智能物联技
     术，2021，4（05）：31-34.

[8] 刘军，余铁青，刘天成，等. 一种基于嵌入式的射频识别系统设计

[J]. 软件，2021，42（08）：60-62.

[9]　张俊玲，赵林. RFID 中间件技术及其应用研究[J]. 电子制作，2018（14）：15-16.

[10]　赵柱文. 物联网时代的 RFID 信息安全探讨[J]. 网络安全技术与应用，2018（02）：141-142.

[11]　刘凯，毕研博，国伟. 关于 RFID 技术的组成及特点分析[J]. 中外企业家，2015（02）：128.

[12]　CHEHADE H E H, UGUEN B, COLLARDEY S. UHF-RFID power distance profiles for analysis of propagation absorbing effect[C]//2021 IEEE International Conference on RFID Technology and Applications (RFID-TA). IEEE, 2021: 157-160.

[13]　BANSAL A, KHANNA R, SHARMA S. UHF-RFID tag design for improved traceability solution for workers' safety at risky job sites[C]//2021 IEEE International Conference on RFID Technology and Applications (RFID-TA). IEEE, 2021: 161-164.

[14]　ALLANE D, DUROC Y, TEDJINI S. Characterization of harmonic signals backscattered by conventional UHF RFID tags[C]//2021 IEEE International Conference on RFID Technology and Applications (RFID-TA). IEEE, 2021: 267-270.

[15]　HARUTYUNYAN A, HEINIG A, FIEDLER R, et al. 5mm range 61 GHz system on chip EPC Gen2 RFID tag in 22nm FD-SOI technology[C]//2020 IEEE International Conference on RFID-TA (RFID). IEEE, 2020: 1-8.

[16]　TAN W C, SIDHU M S. Review of RFID and IoT integration in supply chain management[J]. Operations Research Perspectives, 2022: 100229.

[17]　WU C K. RFID System Security[M]//Internet of Things Security. Singapore: Springer, 2021: 155-169.

[18] COSTA F, GENOVESI S, BORGESE M, et al. A review of RFID sensors, the new frontier of internet of things[J]. Sensors, 2021, 21(9): 3138.

[19] MUNOZ-AUSECHA C, RUIZ-ROSERO J, RAMIREZ-GONZALEZ G. RFID applications and security review[J]. Computation, 2021, 9(6): 69.

[20] GUPTA A, ASAD A, MEENA L, et al. IoT and RFID-based smart card system integrated with health care, electricity, QR and banking sectors[M]//Artificial Intelligence on Medical Data. Singapore: Springer, 2023: 253-265.

[21] 黄玉兰. 物联网射频识别（RFID）技术与应用[M]. 北京：人民邮电出版社，2013.

[22] 马惠铖，杨娜，薛灵芝，等. 射频识别中的电子标签技术理论综述[J]. 山东工业技术，2017（09）：200.

[23] 王爱明，李艾华，穆晓曦. 读写器抗冲突问题研究[J]. 单片机与嵌入式系统应用，2006（05）：8-11.

[24] OFER ALUF. Microwave RF Antennas and Circuits[M]. Berlin: Springer，2017.

[25] 韩团军. 矩形微带贴片天线的设计与仿真[J]. 电子质量，2014（11）：29-30.

[26] 刘伟. 圆极化微带天线设计与实现的研究[J]. 中国新通信，2013，15（21）：113.

[27] 沈毅. DSP 及其应用实践[M]. 哈尔滨：哈尔滨工业大学出版社，2010.

[28] 邹立明，范科峰，戴葵. 基于 DSP 技术的 RFID 读写器设计[J]. 电子科技，2008（08）：31-34.

[29] BOAVENTURA, ALIRIO SOARES, CARVALHO, et al. The design of a high-performance multisine RFID reader[J]. IEEE Transactions on Microwave Theory and Techniques, 2017, 65(9).

[30] 张其发，陈培勋，熊丰泰. 基于冲突树算法的 RFID 反碰撞优化[J]. 电子与信息学报，2019，9（41）：2005-2010.

[31] 王磊，颜伟，王星辰. 一种基于动态桶分组的 RFID 反碰撞算法[J]. 计算机工程与应用，2018，4（54）：116-120.

[32] 贾永胜. RFID 多路存取与防碰撞技术对比分析[J]. 数字技术与应用，2013（12）：100.

[33] 雷隆毓，蒋荣斌，陈子妍，等. 基于标签分组的动态帧时隙 ALOHA 算法[J]. 计算机工程与设计，2021，42（04）：908-913.

[34] 王雨晨，丁元靖，郭颖. 一种基于 Bloom 过滤器的多天线 RFID 反碰撞算法[J]. 电子科技大学学报，2020，49（4）：577-582.

[35] 贾玉芬，颜廷发，张宇晨. 基于前向判断的双向扫描二分选择算法[J]. 计算机科学，2021，48（5）：109-115.

[36] 马哲源，孙晨曦，刘佳伟. 一种基于时间窗口的 RFID 反碰撞算法[J]. 微计算机信息，2021，37（5）：130-133.

[37] YAN P W, HUI S, XIAO L W, et al. Anti-collision algorithm analysis of ALOHA-based RFID[J]. Applied Mechanics and Materials, 2013, 2202: 273- 273.

[38] QING Y, PING G, JIN L W. Improved RFID anti-collision algorithm based on dynamic framed slotted ALOHA algorithm[J]. Applied Mechanics and Materials, 2013, 2601: 385-386.

[39] 胡鑫，张涵跃. 二进制搜索防碰撞算法在射频识别技术中的应用[J]. 物流技术，2013，32（03）：198-201.

[40] 黄辉明，徐磊，孙道恒. 射频电子标签天线设计及印刷工艺分析[J]. 电子机械工程，2009，25（02）：56-58，61.

[41] Athauda T, Karmakar N. Chipped versus chipless RF identification: A comprehensive review[J]. IEEE Microwave Magazine, 2019, 20(9): 47-57.

[42] Sharma V, Hashmi M. Advances in the design techniques and applications of chipless RFIDs[J]. IEEE Access, 2021(9): 79264-79277.

[43] Khadka G, Arefin M S, Karmakar N C. Using punctured convolution coding (PCC) for error correction in chipless RFID tag measurement[J]. IEEE Microwave and Wireless Components Letters, 2020, 30(7): 701-704.

[44] Novotny D R, Kuester D G, Guerrieri J R. A reference modulated scatterer for ISO/IEC 18000-6 UHF tag testing[J]. IEEE Electromagnetic Compatibility Magazine, 2012, 1(3): 103-106.

[45] PARET D. 超高频射频识别原理与应用[M]. 安建平，高飞译，薛艳明，等译. 北京：电子工业出版社，2013.

[46] Identification Cards—Contactless Integrated Circuit Cards—Proximity Cards—Part 3: Initialization and Anticollision: ISO/IEC 14443-3: 2016[S/OL]. [2023-3-15]. https://www.iso.org/standard/70171.html.

[47] Identification Cards—Contactless Integrated Circuit Cards—Proximity Cards—Part 2: Radio Frequency Power and Signal Interface：ISO/IEC 14443-2: 2020[S/OL]. [2023-3-15].https://www.iso.org/standard/73597.html.

[48] ACHARD, SAVRY O. A cross layer approach to preserve privacy in RFID ISO/IEC 15693 systems[C]//2012 IEEE International Conference on RFID Technologies and Applications (RFID-TA). IEEE, 2012: 85-90.

[49] 夏莹莹，谢振华. ISO/IEC 18047-3 标签性能测试分析[C]//中国标准化协会. 第十一届中国标准化论坛论文集. 北京：中国标准出版社，2014：1509-1512.

[50] BABAEIAN, Karmakar N C. Hybrid chipless RFID tags: A pathway to EPCglobal standard[J]. IEEE Access, 2018(6): 67415-67426.

[51] LIU Z, LIU D, LI L, et al. Implementation of a new RFID

authentication protocol for EPC Gen2 standard[J]. IEEE Sensors Journal, 2015, 15(2): 1003-1011.

[52] E VAHEDI, R K WARD, I F BLAKE. Performance analysis of RFID protocols: CDMA versus the standard EPC Gen-2[J]. IEEE Transactions on Automation Science and Engineering, 2014, 11(4): 1250-1261.

[53] T YANG. An active tag using carrier recovery circuit for EPC Gen2 passive UHF RFID systems[J]. IEEE Transactions on Industrial Electronics, 2018, 65(11): 8925-8935.

[54] X CHEN, D FENG, S TAKEDA, et al. Experimental validation of a new measurement metric for radio-frequency identification-based shock-sensor systems[J]. IEEE Journal of Radio Frequency Identification, 2018, 2(4): 206-209.

[55] Ito M, Nakauchi K, Shoji Y, et al. Service-specific network virtualization to reduce signaling processing loads in EPC/IMS[J]. IEEE Access, 2014(2): 1076-1084.

[56] KOSHIZUKA N, Sakamura K. Ubiquitous ID: Standards for ubiquitous computing and the internet of things[J]. IEEE Pervasive Computing, 2010, 9(4): 98-101.

[57] 陈剑，冀京秋，陈宝国. 我国射频识别（RFID）技术发展战略研究[J]. 科学决策，2010（01）：8-20.

[58] 朱正，李强，王俊宇. 自主知识产权 RFID 标准系列报道（四）超高频 RFID 空中接口协议自主创新研究[J]. 信息技术与标准化，2010（03）：63-67.

[59] 赵宇. 企业知识产权合规管理的现状分析与应对措施[J]. 中国集体经济，2022（09）：126-127.

[60] 吴吉义，李文娟，曹健，等. 智能物联网 AIoT 研究综述[J]. 电信科学，2021，37（08）：1-17.

[61] 冀松，卢秀丽. 浅析物联网 RFID 技术[J]. 电子制作，2021（06）：74-75.

[62] 于莹莹. 无线传感 ZigBee 技术在物联网中的应用[J]. 无线互联科技，2021，18（06）：12-13.

[63] 刘坤. 基于 WIFI 技术的物联网智能家居[J]. 无线互联科技，2014（06）：96.

[64] 宋锋，刘志峰. WSN 在物联网应用中的技术与发展[J]. 科技展望，2016，26（19）：11.

[65] 梁泽宇. 物联网中的蓝牙技术应用研究[J]. 数字技术与应用，2018，36（08）：65-66.

[66] 陈慧. 视频与物联网大数据融合分析应用平台[J]. 数字技术与应用，2020，38（08）：114-115.

[67] 侯秀丽，疏靖. 红外传感器在物联网中的应用初探[J]. 价值工程，2011，30（35）：155-156.

[68] 李丹雪，王佳，李卓，等. 移动通信网与物联网的融合[J]. 中国信息化，2017（07）：51-53.

[69] 赵艳萍. 物联网与互联网的联系及应用前景[J]. 现代信息科技，2018，2（10）：197-198.

[70] 马妮娜. 分析物联网促进两化融合面临的问题[J]. 河南科技，2014（16）：215-216.

[71] 赵烜. 物联网技术在我国所面临的问题探讨[J]. 科技传播，2014，6（05）：226-228.

[72] 金桂梅，贾士英，李林. 物联网发展面临的挑战研究[J]. 才智，2017（14）：231.

[73] 林超毅. 基于5G网络的物联网通信技术及面临的挑战[J]. 信息与电脑（理论版），2020，32（12）：190-192.

[74] CHOO K K R, S GRITZALIS, PARK J H. Cryptographic solutions for

industrial Internet-of-Things: Research challenges and opportunities[J]. IEEE Transactions on Industrial Informatics, 2018, 14(8): 3567-3569.

[75] TRAN-DANG H, KROMMENACKER N, CHARPENTIER P, et al. Toward the Internet of Things for physical Internet: Perspectives and challenges[J]. IEEE Internet of Things Journal, 2020, 7(6): 4711-4736.

[76] 尹钟舒，洛向刚，杨成，等. 物联网（IoT）：国内现状和国家标准综述[J]. 网络安全技术与应用，2022（09）：108-111.

[77] 杨燕红，何大安. 中国物联网产业政策演变、内在逻辑与发展趋向——基于政策文本计量分析的方法[J]. 经济与管理，2022，36（02）：27-35.

[78] 张夕夜，王亚楠. 主要国家物联网安全法律政策研究[J]. 信息通信技术，2021，15（06）：13-17.

[79] 李侠，霍佳鑫. 关于物联网，国家政策应该做点什么？[J]. 科学与管理，2021，41（01）：28-32.

[80] GOMES ALVES R, FILEV MAIA R, LIMA F. Discrete-event simulation of an irrigation system using Internet of Things[J]. IEEE Latin America Transactions, 2022, 20(6): 941-947.

[81] 梁广俊，辛建芳，王群，等. 物联网取证综述[J]. 计算机工程与应用，202 2，58（08）：12-32.

[82] 李冬月，杨刚，千博. 物联网架构研究综述[J]. 计算机科学，2018，45（S2）：27-31.

[83] 邵泽华，梁永增. 物联网管理平台[J]. 物联网技术，2021，11（02）：98-100，105.

[84] 何遥. 物联网和智慧城市[J]. 中国公共安全，2018（07）：72-76.

[85] 王晓春，杨宏，郭雄. 物联网新型基础设施发展现状与建设路径思考[J]. 单片机与嵌入式系统应用，2022，22（09）：10-12.

[86] 王杨. 智慧高速物联网平台建设创新型思考[J]. 北方交通，2022

（08）：79-82.

[87] WANASINGHE T R, GOSINE R G, JAMES L A, et al. The Internet of Things in the oil and gas industry: A systematic review[J]. IEEE Internet of Things Journal, 2020, 7(9): 8654-8673.

[88] LI Z, ZHOU Y, WU D, et al. Fairness-aware federated learning with unreliable links in resource-constrained Internet of Things[J]. IEEE Internet of Things Journal, 2022, 9(18): 17359-17371.

[89] 王娟, 王叶溪. 智能巡检加密监测守住环境安全底线[N]. 盘锦日报, 2022-08-18（001）.

[90] 周炳, 王小红. 物联网技术在金融领域的应用[J]. 物联网技术, 2022, 12（04）: 94-96.

[91] 杨青春. 物联网技术在环境安全监测方面的应用研究[C]//2021 年中国航空工业技术装备工程协会年会论文集. 北京: 北京长城航空测控技术研究所, 2021: 233-235.

[92] 侯昌, 李智敏. 物联网在河套地区农牧业的应用及前景[J]. 长江信息通信, 2021, 34（07）: 215-220.

[93] 谢志妮, 黄成丽. RFID 在智能仓储物流中的应用[J]. 电子技术与软件工程, 2021（11）: 177-178.

[94] 张云峰. 物联网技术在军事领域中的应用分析[J]. 网络安全技术与应用, 2021（03）: 127-129.

[95] VISHAL GOYAL. 谈物联网在农牧业中的应用[J]. 单片机与嵌入式系统应用, 2020, 20（05）: 92-93.

[96] 张亚龙. RFID 技术在工业生产线中的应用[J]. 中国高新科技, 2020（09）: 85-86.

[97] 唐敏喆, 郑嘉利. 基于 RFID 技术的智能家居定位应用[J]. 信息通信, 2020（03）: 276-278.

[98] 袁金苹, 王辉, 赵辈, 等. 基于 RFID 的智能制造技术在汽车工业中

的应用[J]. 汽车实用技术，2020（04）：160-162.

[99] 石兴华，曹金璇，段詠程. 智慧医疗中 RFID 安全与隐私保护方案研究[J]. 科技管理研究，2019，39（16）：223-229.

[100] 李鑫，张孝峰，贾小林. 基于 RFID 传感技术的社区健康监护系统设计[J]. 电脑知识与技术，2019，15（16）：252-254.

[101] 李锋，王韬睿. 基于 RFID/WSN 和大数据技术的智能电网用电调控分析[J]. 技术与市场，2018，25（08）：171.

[102] 宋磊，杜彬. RFID 防碰撞算法在智能家居应用中的改进研究[J]. 山西电子技术，2018（03）：85-87.

[103] 马灿. 基于 RFID 技术的智能轨道交通票务系统设计研究[D]. 秦皇岛：燕山大学，2018.

[104] 李玉贞，丁贤勇，王世豪. 基于 RFID 技术在城市智能交通系统中的应用[C]//中国智能交通协会. 第十二届中国智能交通年会大会论文集. 北京：电子工业出版社，2017：718-724.

[105] 赵永柱，张根周，任晓龙，等. 基于 RFID 的智能电网资产全寿命周期管理系统设计[J]. 智慧电力，2017，45（11）：57-61.

[106] 苏玉峰. RFID 技术在智能物流中的应用研究[J]. 河南教育学院学报（自然科学版），2017，26（03）：43-47.

[107] 孟庆旭，韩晓翠. RFID 技术下智能家居系统的安全性分析[J]. 电子世界，2017（17）：117-120.

[108] 徐磊. 基于 RFID 物联网技术的智能电网设备管理系统研究[D]. 北京华北电力大学，2016.